水利工程基础信息的存储与管理

赵 乐 李 黎 编著

黄 河 水 利 出 版 社

内 容 提 要

本书从水利行业的信息化建设入手,以黄河流域水利信息化基础设施建设为例,全面介绍了水利基础信息的管理及存储在水利行业信息化中的作用和地位,以及系统的建设目标、总体框架、数据库方案、数据存储与管理模式等内容,特别是对水利工程基础信息的分类、代码标准的制定等方面做了比较细致全面的介绍。

本书结构合理、内容翔实,可作为水利行业信息化系统设计及数据库建设等方面工作人员的参考用书。

图书在版编目(CIP)数据

水利工程基础信息的存储与管理/赵乐,李黎编著.—郑州:黄河水利出版社,2007.12

ISBN 978 - 7 - 80734 - 323 - 3

Ⅰ.水… Ⅱ.①赵…②李… Ⅲ.信息技术 - 应用 - 水利工程 Ⅳ.TV - 39

中国版本图书馆 CIP 数据核字(2007)第 187971 号

出 版 社:黄河水利出版社
　　　　地址:河南省郑州市金水路 11 号　　邮政编码:450003
发行单位:黄河水利出版社
　　　　发行部电话:0371 - 66026940　　传真:0371 - 66022620
　　　　E-mail:hhslcbs@126.com
承印单位:黄河水利委员会印刷厂
开本:850 mm× 1 168mm　1/32
印张:4.25
字数:107 千字　　　　　　印数:1—1 000
版次:2007 年 12 月第 1 版　　印次:2007 年 12 月第 1 次印刷

书号:ISBN 978 - 7 - 80734 - 323 - 3/TV·533　定价:12.00 元

前　言

　　我国特有的地形地貌和季风气候,以及区域人口、经济分布的特点决定了旱涝灾害是不可能消失的自然灾害,决定了我国防洪抗旱减灾任务的长期性、艰巨性与复杂性。为了防治水旱灾害,新中国成立以来,我国投入大量的人力和物力进行江河整治,加强水利工程的建设,防洪抗旱能力大大增强。但完全依赖工程措施提高水利工程防洪标准和抗旱能力,不仅周期长、投资多,而且某些目标也较难以实现。

　　近年来,全球信息化形势突飞猛进,信息技术及其应用已经渗透到经济和社会的各个领域,成为提升产业结构和素质、提高劳动生产率、推动经济增长、增强国家综合实力的最先进的生产力。在社会经济与信息技术全面发展的基础上,水利行业的信息化建设也加快了步伐,特别是作为水利信息化"龙头"工程的国家防汛抗旱指挥系统一期工程已经国家批准实施,促进了水利信息化的进展,充分采用现代信息技术全面改造和提升传统的防汛抗旱效率。以水利信息化带动水利现代化为目标,积极开展水利信息网络、通讯网络、基础数据库等基础设施建设,大力推进国家防汛抗旱指挥系统建设。国家防汛抗旱指挥系统中期目标为:2006～2010年,将深入开发水利信息资源,完善水利信息基础设施,持续改善水利信息化保障环境,全面推进信息标准化。标准化是全面推进信息化的技术支撑和重要基础,有利于提高信息资源利用水平,提供全面、快捷、准确的信息服务,增强决策支持能力,基本实现水利信息化,为实现水利现代化奠定基础。

　　在水利部各大流域的信息化建设中,黄河水利委员会(以下简称"黄委",全书同)以"数字黄河"工程为主导,在水利信息化基础设施建设方面走在了前列。建立了覆盖黄河中下游的广域网以及水利行业第一个数据中心,并在此基础上实现了各类基础信息的标准化和基础数据的存储与管理。该书以黄河水利工程基础信息存储与管理系统建设为例,全面细致分析了水利工程基础数据的作用和运行维护方式。水利工程基础数据应按照统一的信息化标准、统一的数据库结构组织建设,在流域、省(自治区、直辖市)、地(市)和县级防汛抗旱指挥部门或工程管理部门分级运行,数据的管理可采取分布采集,集中存储管理,以保证数据的稳定性和安全性。由于采用了信息标准化,整个数据库可为各级各类防汛应用系统提供水利工程基础信息支撑,服务于各级各类防汛抗旱信息系统,如洪水预报及调度系统、险情灾情会商系统、水量调度系统等,满足各级各部门查询、会商和决策支持的需要。

本书由赵乐确定整体结构,赵乐和李黎编写,最后由赵乐统稿和定稿。

本书在编写过程中,得到了有关方面领导和专家的支持与帮助,在此表示真诚的感谢。由于编写时间较紧,作者水平有限,难免有误漏、差错之处,敬请各位专家和广大读者批评指证。

编 者

2007 年 10 月

目 录

第 1 章 综 述

为防治水旱灾害,新中国成立以来我国投入大量的人力和物力进行江河整治,加强水利工程的建设,防洪抗旱能力大大增强。经过 50 多年的防洪减灾体系建设,我国已经初步形成了以水库、堤防、蓄滞洪区、水闸等工程组成的调控洪水及抗旱的防洪工程体系。但完全依赖工程措施提高水利工程防洪标准和抗旱能力,不仅周期长、投资多,而且某些目标也较难以实现。随着近年来信息化技术的飞速发展,现代信息技术在政府行业的应用范围越来越广,如国家的"金关"、"金税"等工程,大大提升了国家海关和税务机关的整体形象和服务质量。水利行业也在努力提高水利工程防洪抗旱工程能力的同时,大力加强防洪抗旱非工程措施的建设,充分采用现代信息技术,全面改造和提升传统的防汛抗旱效率。

根据国家防汛指挥系统的总体规划和建设目标,我国水利信息化建设的中期目标是:从 2006～2010 年,深入开发水利信息资源,完善水利信息基础设施,持续改善水利信息化保障环境,提高信息资源利用水平,提供全面、快捷、准确的信息服务,增强决策支持能力,基本实现水利信息化,为实现水利现代化奠定基础。

信息是水利现代化的基础,水利行业各类防汛抗旱应用系统的建设,都离不开水情、雨情、工情、灾情等各类信息的采集、存储与管理。本书介绍的水利工程基础信息就是工情信息,所涉及的内容包括堤防、水库、水闸、治河工程、蓄滞洪区等工程基础信息,这些信息是各类防汛抗旱应用系统的重要信息支撑系统之一。本书仅以黄河水利工程基础信息的存储与管理为例,简述了水利工程基础信息在防汛抗旱各类信息系统中的作用与成效,给出了整个系统的建设方案、信息采集内容、数据库的分布、数据的存储管理方式以及系统的运行模式。希望能通过这个实例,为其他流域相关水利基础信息资源的存储与管理提供可借鉴之处。

1.1 工程现状分析和管理存在的问题

1.1.1 工程现状

人民治理黄河以来,党和政府对黄河防洪十分重视,为控制洪水,减少灾害,先后 4 次加高培厚了黄河下游大堤,较为系统地进行了河道整治工程建设;在干支流上陆续修建了三门峡、小浪底、陆浑和故县水库,开辟了东平湖、北金堤等滞洪区,初步形成了"上拦、下排、两岸分滞"的防洪工程体系。同时,还加强了水文测报、通信网络、信息化等防洪非工程措施的建设。依靠这些措施和沿黄广大军民的严密防守,保证了黄河的岁岁安澜。

目前,黄河中游禹门口至潼关河段有河道工程 36 处,坝、垛和护岸 920 道,工程长度 139 km;三门峡库区潼关至大坝段有防护工程 42 处,坝、垛和护岸 413 道。渭河下游有堤防 363 km,险工、控导工程 64 处,坝、垛和护岸 1 323 道,工程长度 124 km。黄河下游有各类堤防工程长度 2 410 km,其中:临黄堤 1 371 km、分滞洪区堤防 348 km、支流堤防 199 km 和其他堤防 276 km、河口堤防 164 km;有各类险工 214 处,坝、垛和护岸 6 313 道,工程长度 415 km;控导护滩工程 233 处,坝垛 4 399 道,工程长度 437 km;防护坝工程 87 处,防护坝 417 道;修建分泄洪闸、引黄涵闸共计 107 座。这些防洪工程的建设,增强了黄河中下游的防洪能力。但由于防洪工程战线长,工程类别齐全、内容多,使得工程维护管理任务十分繁重。

此外,为保障防洪安全,1998 年长江大洪水以后,国家对大江大河治理加大了投入力度,黄河防洪工程建设管理任务空前繁重。黄河水利工程建设中已全面推行了项目法人责任制、建设监理制、招标投标制和合同管理制,以各市级河务局为项目法人的建设管理制度基本确立。但是目前,黄河水利工程的管理手段和管理技术还处于较低的水平,工程建设统计报表、各种工程现状信息的收集、传输和整理还主要依靠人工,各种基础信息的联合应用还不能达到要求,信息资源浪费和重复工作现象十分严重。如何利用好水利工程基础信息、保证防洪工程的安全运行,是水利工程基础信息管理工作的关键。

1.1.2 工程管理信息化建设现状

黄委在 20 世纪 80 年代初期,就开始将现代信息技术应用于黄河治理与防汛工作。1993 年开始筹建的黄河防洪减灾计算机网络系统,目前已基本形成覆盖委机关、水文局、河南河务局及下属的 5 个地市局(新乡河务局、开封河务局、焦作河务局、郑州河务局和濮阳河务局)、山东河务局及下属的 8 个地市局(菏泽河务局、东平湖管理局、聊城河务局、德州河务局、济南河务局、淄博河务局、滨州河务局和河口管理局)等主要防汛单位的广域计算机网络,实现了对黄河水情、工情、灾情等信息的接收、处理和预报作业。其中相关的有黄河防洪工程数据库、黄河河道整治工程根石管理系统等。在此期间,委属各单位都开发了各自的办公自动化系统和业务应用系统,基本满足自身业务办公的需要。但是这些系统自成体系,各自独立,标准各异,数据都分散在各自系统中,由于黄委还没有一个全河联网的、统一标准的工程管理信息化系统,所以各级机关不能共享这些信息资源。

黄河干支流堤防、河道整治工程历史上自动化安全监测项目空白,即使近年来新改建的工程也没有埋设安全监测仪器,多年来一直依靠日常人工巡视、人工观测和每年汛前的徒步拉网式普查,获得的数据时效差。黄河防洪工程数据库建成于 1996 年,数据库中的工程基础数据统计至 1993 年。近年来黄河下游防洪工程建设力度加大,特别是随着黄河标准化堤防的建设,工程基础数据发生了很大变化,需要对数据库中的信息进行更新,才能反映工程当前的真实面貌。

由于缺乏高效快速的工程安全监测资料和计算机数学模型支撑,工程安全评估和维护决策目前还主要依靠人为定性判断,摆脱不了人工劳动,不但效率低、时效性差,决策的科学性和正确性也不能保证。

几十年来,黄河工程管理一直延续"专管与群管相结合"的管理模式,这种管理模式在计划经济体制下对保持工程完整、提高工程抗洪能力曾发挥了积极作用。但随着市场经济的发展和工程管理"管养分离"改革的深入,原有模式已不适应现代化工程管理的需要,急需建立一种新的管理模式来适应工程现代化管理。"数字黄河"工程基础设施中的黄河水利工程基础数据库的建立正是从现代化工程管理的基础工作上做起,建立完善的工程基础信息采集体系,并通过建设黄河防洪工程远程安全监测设施,利用现代通信技术、计算机技术和信息化技术,实时了解和掌握工程的运行状况,及时发现和消除工程隐患。对黄河水利工程历年来的整修改建中形成的历史档案、工程技术经济指标、工程运行状态、工程安全情况等基础资料进行信息化管理,提高科学决策和管理水平,确保黄河各类水利工程的安全。

多年来,在数据库的建设中,只有少量数据的编码,如河流编码、流域编码、水文测站编码、行政区划编码等有一些国家标准规范可循,大部分数据库建设及数据编码标准都存在着内容庞杂交叉、强制性条文和推荐性条文混淆,对强制性标准难以实施监督,编制、修订周期过长等问题,更有相当一部分数据库建设仅针对某个应用系统,根本无标准规范可言,很难实现数据库的统一管理,更无从实现数据资源的高度共享。

在"系统建设,标准先行"的思想指导下,"数字黄河"工程标准体系建设也已全面展开。目前和近期将完成的有关水利工程的数据标准有:《黄河水利工程信息代码编制规定》和《工程建设与管理信息代码编制规定》等。

1.1.3 数据管理存在的问题

多年来,黄委在数据库建设方面虽然做了大量的工作,特别是20世纪80年代以来,黄委在黄河防洪工程信息管理上也陆续建立了一些数据库如黄河下游技术基础数据库、实时水情数据库等数据库等。但是由于缺乏统一规划以及稳定的经费投入,造成数据库储存信息类型少、数据量少,所包含的工程类型和流域面不全,数据更新不及时,数据库的利用率比较低,尚未形成比较完善的分布式数据存储体系和高效的数据管理和访问体系。数据管理手段原始,如多媒体影像数据和遥感数据的管理还是利用传统的、零散的文件系统来管理的,容易造成信息损失。随着黄委信息化建设的全面展开,各业务部门在治黄信息化工作中所需的数据量及种类也在急剧增长,各个应用系统对大量水利工程数据的存取访问也更加频繁,对数据存储与管理的质量和水平提出了更高的要求,而目前黄委在水利工程数据存储与管理方面的建设状况,远远不能满足整个"数字黄河"工程建设的需要,急需解决以下主要存在的问题。

1.1.3.1 信息孤岛现象严重阻碍信息共享

根据调查统计情况,一方面由于信息化技术发展的阶段性,加上人们追求"实用快上,早见成效"的目标,在数据库建设的标准规范和信息共享方面缺乏统一的管理。各单位一般是自己计划、自己开发、自己运行和维护,数据库的建设基本是面向单项业务的应用系统,所采用的系统开发运行平台各不相同,各数据库对数据分类、定义和编码有很大差异,结构不规范,不仅难以兼容和共享,而且低层次重复,数据冗余严重,数据利用率很低。再加上单位部门之间信息相互封闭,管理观念狭隘,从而导致大量的"信息孤岛"产生。

"信息孤岛"的存在,使得应用和系统之间无法实现信息资源共享,无法真正做到数据资源的充分利用,如不尽早采取有效措施解决"信息孤岛"的问题,改善当前局面,黄委的信息化建设不久将会陷入另一种困境之中:庞大的系统、低效的运行、决策的困难,由此导致建立在如此数据信息基础上的信息化大厦也难以稳固。

1.1.3.2 缺乏统一的数据管理维护和共享访问机制

以往的信息化建设中不同程度上存在着很多问题。如基础数据建设滞后、更新不及时,满足不了应用需要,造成各单位重复建设;应用层数据建设跟不上应用需要,系统无法真正发挥作用;各部门开发封闭进行,各有自己的标准,由于标准不统一、信息资源不能共享,无法发挥信息集成的作用;虽然部门之间信息共享的需求很强烈,但无章可循,造成信息交换困难;系统建设缺少技术、平台的延续性,无法解决可持续发展等。造成这些问题最根本的原因在于信息资源封闭,缺少共享性以及没有统一的数据管理、维护和共享访问的开发建设平台。基础信息资源难以达到深度开发和综合利用。

1.1.3.3 工程信息管理的科技含量低,管理手段相对滞后

由于过去我国在防洪工程上"重建设,轻管理",造成目前许多工程管理单位资料管理分散、管理方式落后。特别是地(市)级以下管理单位的管理手段和管理技术还处于相当低的水平,很多工程还存在资料缺失。工程统计报表、工程普查、河势查看和建设管理等信息的统计、收集、传输还主要依靠人工,不但效率低、时效性差,而且容易出错和丢失。

已有历史资料不能实现快速、准确查询;工程管理维护重要决策支持信息(如堤防隐患、位移变形,河道整治工程根石走失、工情险情,涵闸沉降与渗流等资料)的采集,也都是依靠原始的工程拉网式普查、人工观测或探测来获得;工程维护决策主要依靠人为定性判断;维修养护摆脱不了人工劳动等。

1.2 水利工程信息存储管理系统建设的必要性

1.2.1 提高工程管理水平的必备基础

数据是信息系统的核心。据统计,国外信息工程建设,硬件有效生命期一般为 3~5 年,软件为 7~15 年,数据则为 25~70 年甚至更长。在建设投资中,硬件约占 25%,软件占 10%,而数据占 65%。在一个地理信息系统的有效生命周期内,硬件、软件和数据的费用比近似为 1:10:100。"三分技术,七分管理,十二分数据",信息行业的这一描述充分说明了数据的重要性。

保持工程完整、确保工程防洪能力不降低是工程管理的核心任务。但目前无论是工程本身还是工程管理手段都存在着问题。一方面,黄河下游堤防工程基础条件差、隐患多;河道整治工程基础浅,稳定性差,一遇较大洪水,出险频繁,如抢护不及,就可能造成决口而酿成重大灾害;另一方面,防洪工程的管理工作在方法、手段、工具等方面比较落后,信息采集主要靠人工记录,信息不全面、时效性差,信息传递慢,资源不能共享,经常只能根据经验直观判断进行决策。因此,各级工程建管部门迫切要求利用现代信息技术,建立一套水利工程基础信息存储与管理系统,并结合远程安全监测技术的应用,实时了解和掌握工程的运行状况,以便及时发现和消除工程隐患,确保黄河防洪安全。

1.2.2 信息化发展的必然需要

20 世纪 90 年代以来,高新技术特别是信息技术的广泛应用,成为经济社会发展的强大推动力,使人类生产活动和社会生活开始进入信息化时代。信息化水平的高低成为衡量一个国家现代化水平和综合国力的重要标志。进入 21 世纪,全球经济一体化的进程加快,科学技术迅速发展,人们对治黄的要求越来越高,提出了治黄要从传统水利向现代化水利、可持续发展水利转变,以水资源可持续利用支持经济社会的可持续发展。

黄河的复杂性和河势的多变性,要求治黄必须利用 3S、计算机网络和多媒体、现代通信等高科技技术,采用现代化的管理手段提高黄河防洪工程建设与运行的管理水平,降低管理成本。通过工程安全监测,及时采集反映工程的运行状况和内在质量的工程现状信息,预测工程的运行承载能力和使用寿命;不断为防汛和工程管理决策提供系统、全面和最新的决策依据,保证决策的科学性和正确性,全面提高工作效率,使黄河工程管理工作发生根本性转化和质的飞跃。

1.2.3 数据资源整合和高效共享的要求

在近十几年的信息化建设过程中,黄委各单位开发出许多业务应用软件系统和相应的数据库系统,积累了丰富的基础资料和专业数据。但是,由于缺乏全面、统一的协调、规划和建设管理,导致各个业务领域信息化的发展不平衡,数据库的建设基本是由各单位自己根据各业务应用系统需求自行建设,各数据库对数据分类、定义和编码有很大差异,结构不规范,数据标准没有统一的规范,不仅难以兼容和共享,而且低层次重复,数据冗余严重,数据利用率很低。

按照"数字黄河"工程建设的要求,通过对数据资源进行统一规划和建设,建立统一的水利工程基础数据信息的存储与管理,实现数据资源的高效共享,避免重复开发和资源浪费。

1.3 水利工程信息存储管理系统建设的可行性

1.3.1 完整的历史资料是系统建设的基础

"八五"攻关项目中黄河防洪工程数据库建成于 1996 年,数据库中的工程基础数据从工程始建开始一直统计至 1993 年,这些完整的工程历史资料为水利工程信息存储管理系统建设打下了良好的基础。但 1993 年以后的十几年间,工程基础数据又发生了变化,特别是随着黄河标准化堤防建设,黄河下游防洪工程建设力度加大,工程基础数据发生的变化更大,需要对黄河水利工程数据库中的信息进行更新,才能真实反映工程当前面貌。

1.3.2 "数字黄河"工程基础设施为系统的建设创造了条件

首先,在信息基础设施建设方面,目前黄委已建成了覆盖黄河下游主要防汛单位的计算机广域网(省、市、县),现正在此基础上提高网络带宽,扩展覆盖范围,建立宽带黄河广域网络,为整个水利工程基础数据库建设提供了良好的支持,同时各省、市、县工程管理单位也具有一定规模的计算机主机系统。这些系统的建设和运行实践为水利工程基础数据库系统的建设积累了丰富的经验。

其次,黄委不但拥有各种治黄及信息化的专业队伍,而且具有一支能把专业与信息化结合的复合型技术人才队伍。黄委各单位在过去的计算机与信息技术开发和应用过程中培养和锻炼了大量人才,也为系统的建设及管理打下良好的基础。

再次,黄委在信息中心设立了专门的机构——数据中心,其目的就是为黄委的数据存储与管理的建设与发展创建一支正规军,从而保护、利用好黄委多年日益积累和不断发展的宝贵财富——数据。

1.3.3 技术成熟

进入 20 世纪 90 年代后,随着各种应用数据库的建立和数据存储量的增大,数据集中和共享的重要性得到了越来越广泛的关注。数据存储市场的发展,使得以服务器为中心的数据存储模式逐渐向以数据为中心的数据存储模式转化,即存储设备独立于服务器,具有良好的扩展性、可用性、可靠性。

数据库管理技术也有了质的飞跃,从单纯的结构化数据管理,到海量数据和非结构化数据的管理,从仅支持 C/S 模式的应用开发到支持面向 Web 的多层模式的应用开发。

将数据存储技术与网络技术有机地结合起来,为确保数据的一致性、安全性和可靠性、实现不同数据的集中管理、网络上的数据集中访问等,起到了不可忽视的作用。

第2章 系统建设目标和原则

2.1 建设目标

水利工程基础信息存储与管理系统建设的目标是,在"数字黄河"工程总体规划的指导下,在黄河信息化标准体系建设的基础上,建立黄河中下游水利工程基础信息数据库,并通过黄河数据中心和数据分中心的数据存储平台建设,实现黄河水利工程基础信息和工程安全监测实时信息的集中存储与管理,充分保障信息的安全与稳定;以黄河数据存储体系为依托,形成能够为黄河工程建设管理和黄河治理开发服务的多级黄河水利工程基础信息数据库系统;并按"数字黄河"工程标准体系建设要求,建立水利工程数据标准,通过网络数据交换和共享访问机制,实现水利工程基础信息资源的充分利用和高度共享。

本系统的服务对象为各级工程管理、防汛、水调等部门的各应用系统,如工程维护系统、工程建设管理系统、防洪调度系统、水量调度系统、决策会商支持系统等。

2.2 建设原则

(1)需求牵引,应用至上。在系统开发建设中,应充分考虑各类用户实际的和潜在的需求,合理选择数据库建设内容,加强数据整合,促进互联互通、信息共享。黄河水利工程基础数据存储与管理系统是"数字黄河"工程重要组成部分,必须遵从统一规范和建设要求,采用一致的政策和标准。紧密依托各部门的基础数据资源,与各部门业务系统建设统筹考虑,协调发展。

（2）充分利用现有基础设施，保证系统的平稳过渡。在系统建设过程中，要充分利用"数字黄河"工程基础设施——黄河数据中心的数据存储管理平台，实现省、地（市）、县三级水利工程基础信息的集中存储管理与共享；要充分考虑到对用户投资的保护，必须对原有的系统和数据按照标准进行整合，对于现有的各种不同规模的应用系统和数据库资源采取尽量保护的方法，对已建的数据库系统，以及支持这些系统运行的各种硬件和软件，均可在新的数据库系统中继续使用，还要能够满足和适应今后的软硬件、网络的发展需要。

（3）先进性和实用性相结合。在进行设计时，对于整个信息存储管理系统应立足于高起点、新技术，要根据信息化的发展趋势，在设计中充分考虑到将来可能的发展和用户需求，要为今后系统的升级与扩展留有充分的余地，同时，还要保证系统实用性，要充分考虑所采用技术的成熟与稳定。

（4）开放性和标准化的原则。在设计中要采取开放性的架构，以方便数据的管理、维护、扩展、升级等。在保证开放性的同时，系统设计还应符合有关业界标准和规范。按照工程类别和应用需求，参照国家和行业标准，对基础数据进行科学的分类，统一数据代码标准、统一数据接口，以使各类信息更加正规、规范，便于信息共享。

第3章 系统总体框架

黄河水利工程基础信息涉及面广,所涉及的工程类型有:堤防工程、治河工程、水库、水闸、生物工程、附属工程等方面的数据资料和工程安全实时监测信息,包括大量的实时和历史数据。其特点是:①工程门类多,信息量大;②资料规范性差,需要进行大量的标准化工作;③除少数资料整理较为复杂外,大部分资料与录入格式之间的联系较为单一;④数据实体的类型是稳定的,但实体的属性是变化的。因此,为保证水利工程基础数据库的稳定运行,确保信息共享的高效和信息的安全,需要建立水利工程基础信息存储与管理系统。

水利工程基础信息存储与管理系统的主要作用是满足黄河下游水利工程基础信息的存储管理要求,通过数据的容灾备份,保证数据的安全性;整合数据资源,避免或减少重复建设,降低数据管理成本。系统的总体架构包括水利工程数据库系统、数据存储管理平台两部分(见图3-1)。

3.1 数据库系统

数据库系统包括水利工程基础数据库和数据库维护管理系统,基础数据库主要内容是黄河下游堤防、治河工程、水闸、蓄滞洪区等防洪工程的基础信息和工程安全实时监测信息。数据库维护管理系统主要是对基础数据库的管理,其主要功能有数据库模式定义、数据库建设、数据更新维护、数据库用户管理、代码维护、数据安全、数据管理等。

数据库的物理分布要结合应用系统建设、数据分类结果以及

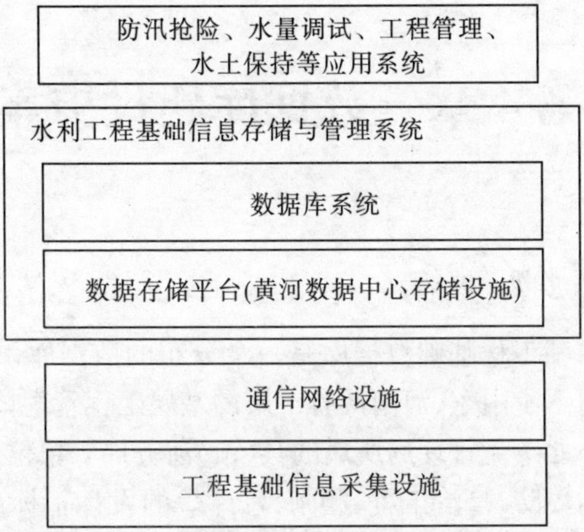

防汛抢险、水量调试、工程管理、
水土保持等应用系统

水利工程基础信息存储与管理系统

数据库系统

数据存储平台(黄河数据中心存储设施)

通信网络设施

工程基础信息采集设施

图 3-1　水利工程基础信息存储与管理系统架构

数据维护特点来进行,原则上按照数据中心和数据分中心的设置,同类数据尽量集中,并根据应用系统的运行要求保持适当的数据冗余存储。各类水利工程基础信息通过基层工程管理单位人工采集和系统自动采集,经省、市局相关部门审核后存入本级数据库,并上报至黄河数据中心的水利工程基础数据库,通过黄河数据中心的存储平台,实现数据的日常管理和备份,保证数据的安全性和稳定性。

3.2　数据存储平台

数据存储平台主要功能有数据存储管理、数据本地安全备份与恢复等。数据存储管理主要是完成对数据存储平台的管理,包括存储和备份设备(SAN、磁带库等)、数据库服务器及网络基础设施,提供底层平台,实现对数据的物理存储管理和安全管理。

第4章 数据库建设方案

4.1 数据来源分析

黄河水利工程基础数据库是一个分布的数据库系统,其数据来源于黄河下游山东、河南两省下属的基层工程管理单位和陕西、山西两省小北干流管理局所属的县(市)河务局等单位。数据库主要内容包括堤防、整治工程、涵闸、水库等的设计指标、工程现状、工程历史沿革、工程运行安全实时状态、工程图片等多种信息。其数据流向如图 4-1 所示。

4.2 数据分类

黄河水利工程基础数据库的建设内容覆盖黄河中下游流域所有水利工程的基本信息,其中包括工程基础信息和工程运行状态实时信息,根据黄河水利工程的类型,黄河工程基础信息库主要包括堤防工程、河道整治工程、涵闸、水库工程、工程安全状况等 11 类信息,详细数据分类见图 4-2。

4.3 数据更新机制

黄河水利工程基础数据库主要的数据资源分为基础数据和实时数据两大类。这两类数据对数据更新的要求也不相同。由于不同类型的数据满足应用需求的方式不同,其存储与共享策略也不完全相同,其主要影响因素包括时效性、一次传输数据量、查询频度、更新频度等。

其中,对于实时数据的更新,要根据业务应用的需求以及数据

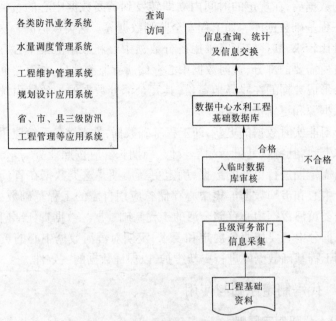

图 4-1　水利工程基础信息数据流向图

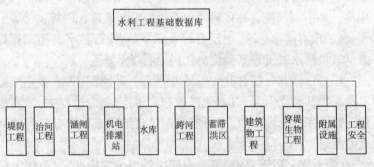

图 4-2　水利工程基础数据分类图

分类标准,划分出需实时更新的数据,并明确不同时期(如汛期和非汛期等)数据更新的周期。要求各数据汇集中心在收到基层报送的数据后,在规定的时间内立即转发到黄委数据中心的黄河水利工程基础数据库。如工程安全监测数据等。这类数据的一次传输量比较小,其存储策略采用各分数据中心和数据汇集中心存储各自所需要的部分,黄河数据中心存储所有监测信息,相互之间的冗余形成数据的在线异地备份,其冗余部分数据的一致性由统一的数据源和更新机制保证。

对非实时数据的更新,即工程基础数据,是支撑各系统应用的基本资料,其特点是更新频率较低、周期长。应按照业务需求,划分出需定期进行更新的数据,确定更新周期。这类数据在省局数据分中心和市局数据汇集中心存储各应用自需的工程基础数据,在黄委黄河数据中心存储全河的工程基础数据。数据责任部门及各数据分中心要按业务规定和要求,定期对黄河数据中心的黄河水利工程基础数据库进行更新维护,以保证数据的一致性。

4.4 代码制定原则与使用

4.4.1 代码制定原则

(1)凡是已有国家标准、行业标准的,一律使用国家标准、行业标准。如中国河流名称代码、行政区划代码、水库代码等。

(2)没有国家标准,也没有行业标准的,执行数字黄河工程标准,如《黄河水利工程基础信息代码编制规定》等。

(3)自行编制代码标准,应尽可能缩小编制范围并在数据结构上考虑将其独立出来,以方便修改和完善,在制定过程中,如其他相关数据库已有编码的,尽可能使用已有编码或在已有编码的基础上改造。

(4)对同一赋码对象,黄委内部应采用统一标准,一个赋码对象的代码不能有两种。

(5)在数据库建设过程中应根据使用和实际情况逐步补充和完善各类代码。

4.4.2　代码的管理与使用

　　(1)按照国家信息化发展确定的"统筹规划、国家主导、统一标准、互通互连、资源共享"指导方针,通过构建一个完整的、系列化的编码标准体系,指导和规范全流域内不同层次、级别数据共享的实现,使之成为数据建设的准绳。

　　(2)设计确定采用的代码标准(国家和行业标准除外),包括系统自行制定的代码,须经黄委"数字黄河"办公室审查批准,方可使用,所有代码表在"数字黄河"办公室备案,使用中如有不当应及时向"数字黄河"办公室反映,不得自行修改。

　　(3)代码确定后,该代码表的赋码对象也将确定。即使赋码对象情况发生变化,或赋码对象已不存在,该代码依然保留,不得转赋其他对象。

4.4.3　代码编制规则

　　黄河水利工程基础数据库的代码编制主要是根据水利部、建设部和黄河水利委员会颁布的有关技术标准,结合黄河的实际情况特制的。对在相关标准中已制定了编码规则,本系统将直接采用,对不能满足需求或尚未制定的编码规则,我们将根据工程实际情况予以补充或建立新的编码规则,并报黄委"数字黄河"办公室批准及备案。主要涉及内容如下:

堤防编码

编码目的:唯一标识一段黄河流域现有的堤防。

编码原则:采用11位数字和字母的组合码分别表示工程类别、所在流域、水系和河流、编号和类别。

代码格式:ABTFFSSNNNY

代码格式说明:

A:1位字母码表示工程类别,取值 D。

B:1位字母码表示流域,取值 D。

T:1位字母码表示水系(二级流域)。

FF:2 位数字码表示一级支流的编号,取值 01~99,00 表示干流。

SS:2 位数字码表示二级及二级以下支流的编号,取值 01~99,00 表示一级支流。

NNN:3 位数字码表示该区域(流域、水系)内某个堤防的编号,取值 001~999。

Y:1 位数字码表示堤防类别。

1:左岸

2:右岸

3:湖堤

4:渠堤

5:城市防洪堤

6:分滞洪区堤

7:特殊堤防(如太行堤、展宽堤等)

9:其他

治河工程编码

编码目的:唯一标识一个黄河流域现有的治河工程。

编码原则:用 11 位字母和数字的组合码分别表示治河工程的工程类别、所在流域、水系和河流、编号及类别。

代码格式:ABTFFSSNNNY

代码格式说明:

A:1 位字母码表示工程类别,取值 N。

B:1 位字母码表示流域,取值 D。

T:1 位字母码表示水系(二级流域),具体取值见黄委"数字黄河"办公室发布的《SZHH07—2003》标准。

FF:2 位数字码表示一级支流的编号,取值 01~99,00 表示干流,黄河流域一级支流具体编码详见黄委"数字黄河"办公室发布的《SZHH07—2003》标准。

SS:2位数字码表示二级及二级以下支流的编号,取值01~99,00表示一级支流。

NNN:3位数字码表示该区域(流域)内某个治河工程编号,取值001~999。

Y:1位数字或字母码表示治河工程类别。

1:护岸(指无堤防河段)

2:护滩

4:裁弯

7:险工

8:控导

0:防护坝

A:防浪(库区)

B:防冲(库区)

C:防浪及防冲(库区)

9:其他

水闸编码

编码目的:唯一标识一座黄河流域现有的水闸。

编码原则:采用11位数字和字母的组合码,分别表示工程类别、所在流域、水系和河流、编号及类别。

代码格式:ABTFFSSNNNY

代码格式说明:

A:1位字母码表示工程类别为水闸,取值K。

B:1位字母码表示流域,取值D。

T:1位字母码表示水系(二级流域),具体取值见黄委"数字黄河"办公室发布的《SZHH07—2003》标准。

FF:2位数字码码表示一级支流的编号,取值01~99,00表示干流,黄河流域一级支流具体编码详见黄委"数字黄河"办公室发布的《SZHH07—2003》标准。

SS:2 位数字码表示二级及二级以下支流的编号,取值 01～99,00 表示一级支流。

NNN:3 位数字码表示该流域(水系)内某个水闸的编号,取值 001～999。

Y:1 位数字码表示水闸类别。

1:进水闸(分水闸、分洪闸)

2:退水闸

6:引黄闸(引水闸)

7:滩区(防沙)闸

8:虹吸

9:其他

水库编码

编码目的:唯一标识一座黄河流域现有的水库。

编码原则:采用 11 位数字和字母的组合码分别表示水库的工程类别、所在领域、水系和河流、编号和类别。

代码格式:ABTFFSSNNNY

代码格式说明:

A:1 位字母码表示工程类别,取值 B。

B:1 位字母码表示流域,取值 D。

T:1 位字母码表示水系(二级流域)。

FF:2 位数字码表示一级支流的编号,取值 01～99,00 表示干流。

SS:2 位数字码表示二级及二级以下支流的编号,取值 01～99,00 表示一级支流。

NNN:3 位数字码表示该区域内某个水库的编号,取值 001～999。

Y:1 位数字码表示水库类别。

1:大(一)型水库(库容 10 亿 m^3 以上)

2:大(二)型水库(库容 1 亿~10 亿 m^3)

3:中型水库(库容 0.1 亿~1 亿 m^3)

4:小(一)型水库(库容 0.01 亿~0.1 亿 m^3)

5:小(二)型水库(库容 0.001 亿~0.01 亿 m^3)

6:径流电站

9:其他

跨河工程编码

编码目的:唯一标识一个黄河流域现有的跨河工程。

编码原则:用 11 位字母和数字的组合码分别表示重要跨河工程的工程类别、所在流域、水系和河流、编号及类别。

代码格式:ABTFFSSNNNY

代码格式说明:

A:1 位字母码表示工程类别,取值 M。

B:1 位字母码表示流域,取值 D。

T:1 位字母码表示水系(二级流域),详见黄委"数字黄河"办公室发布的《SZHH07—2003》标准。

FF:2 位数字码表示一级支流的编号,取值 01~99,00 表示干流,黄河流域一级支流具体编码详见黄委"数字黄河"办公室发布的《SZHH07—2003》标准。

SS:2 位数字码表示二级及二级以下支流的编号,取值 01~99,00 表示一级支流。

NNN:3 位数字表示该流域(水系)内某个跨河工程编号,取值 001~999。

Y:1 位数字码表示跨河工程类别。

1:桥梁

2:渡槽

3:管道(指水上穿越)

5:缆线

6:浮桥

7:穿河床管道

9:其他

穿堤建筑物编码

编码目的:唯一标识一个黄河流域现有的穿堤建筑物。

编码原则:用 11 位字母和数字的组合码分别表示穿堤建筑物的工程类别、所在河流、水系和河流、编号及类别。

代码格式:ABTFFSSNNNY

代码格式说明:

A:1 位字母码表示工程类别,取值 P。

B:1 位字母码表示流域,取值 D。

T:1 位字母码表示水系(二级流域),详见黄委"数字黄河"办公室发布的《SZHH07—2003》标准。

FF:2 位数字码表示一级支流的编号,取值 01~99,00 表示干流,黄河流域一级支流具体编码详见黄委"数字黄河"办公室发布的《SZHH07—2003》标准。

SS:2 位数字码表示二级及二级以下支流的编号,取值 01~99,00 表示一级支流。

NNN:3 位数字码表示穿堤建筑物编号(不含水闸),取值 001~999。

Y:1 位数字码表示穿堤建筑物类别。

1:左岸涵洞

4:左岸涵管

5:右岸涵洞

8:右岸涵管

0:穿堤管线

9:其他

防汛道路

编码目的:唯一标识一条黄河流域现有的防汛道路和上堤辅道。

编码原则:用12位字母和数字的组合码分别表示工程类别、所在流域、道路性质及类型。

代码格式:ABTFFSSNNNUW

代码格式说明:

A:1位字母码,表示黄河流域防汛道路,取值X。

B:1位字母码表示流域,黄河流域取值D。

T:1位字母码表示水系(二级流域),详见黄委"数字黄河"办公室发布的《SZHH07—2003》标准。

FF:2位数字码表示一级支流的编号,取值01~99,00表示干流,黄河流域一级支流具体编码详见黄委"数字黄河"办公室发布的《SZHH07—2003》标准。

SS:2位数字码表示二级及二级以下支流的编号,取值01~99,00表示一级支流。

NNN:3位数字码表示防汛道路编号,取值001~999。

U:1位数字码表示防汛道路的位置。

1:蓄滞洪区

3:滩区

4:堤顶

5:背河

6:上堤辅道

9:其他

W:1位数字码,表示防汛道路类型。

1:混凝土路

2:沥青路

3:砂石路

4:土路

9:其他

生物防护工程编码

编码目的:唯一标识一处黄河流域的生物防护工程。

编码原则:采用12位字母和数字的组合码,分别表示类型,黄河水利委员会所属省、市、县级管理单位,生物防护工程编号及类型。

代码格式:AFBBRRCCNNNY

代码格式说明:

AF:生物防护工程代码标识,取值EA。

BBRRCC:6位数字码表示黄河水利委员会单位编码,应符合《SZHH07—2003》的规定。

NNN:3位数字码表示生物防护工程编号,取值001～999。

Y:1位数字码表示生物防护工程类型。

1:行道林

2:防浪林

3:适生林

4:草皮

9:其他

管护基地编码

编码目的:唯一标识一处黄河流域的工程管护基地或县级以下闸管所、管理班。

编码原则:采用11位字母和数字的组合码,分别表示类型,黄河水利委员会所属省、市、县级管理单位,管护基地或县级以下闸管所、管理班编号,县级以下管理单位类别。

代码格式:AFBBRRCCNNM

代码格式说明:

AF:工程管护基地或县级以下闸管所、管理班代码标识,取值

EB。

BBRRCC：6位数字码表示黄河水利委员会单位编码，应符合《SZHH07—2003》的规定。

NN：2位数字码表示管护基地或县级以下闸管所编号，取值01～99。

M：1位数字码表示县级以下管理单位类别，取值0～9。

1：管护基地

2：县级以下闸管所

3：工程管理班

9：其他

养护队编码

编码目的：唯一标识一支黄河流域的工程养护队。

编码原则：采用10位字母和数字的组合码，分别表示类型，黄河水利委员会所属省、市、县级管理单位，养护队编号。

代码格式：AFBBRRCCNN

代码格式说明：

AF：养护队伍代码标识，取值EC。

BBRRCC：6位数字码表示黄河水利委员会单位编码，应符合《SZHH07—2003》的规定。

NN：2位数字码表示养护队编号，取值01～99。

工程安全监测点编码

编码目的：唯一标识一个黄河流域工程安全监测点。

编码原则：采用18位组合码，分别表示类型、工程代码、监测项目标识码、测点编号。

代码格式：AFXXXXXXXXXXXJNNNN

代码格式说明：

AF：工程安全监测代码标识，取值ED。

XXXXXXXXXXX：11位工程代码，应符合黄委"数字黄河"

办公室发布的《SZHH07—2003》的规定。

J:1 位数字码表示工程安全监测项目类型,取值 0～9。

1:变形监测

2:渗流监测

3:应力应变监测

4:震动反映监测

5:视频监视

9:其他

NNNN:4 位数字码表示测点编号,取值 0001～9999。

4.5 数据库表设计

在需求调查与分析的基础上,对防洪工程数据库拟收集的 10 大类工程所应包括的具体表和字段(属性)进行设计。

4.5.1 数据的格式特征

水利工程基础数据库存储的数据格式包括以下几部分内容:

(1)工程基本特征值(如设计高程、设计洪水标准、工程安全监测等),这类数据属结构化数据。

(2)工程图(包括流域水系图、工程详图等),可能是扫描图,也可能是用 AUTOCAD 等软件绘制的电子图。

(3)音像资料,包括数字图像、声音数据、视频数据等。

工程图和音像资料均属非结构化数据。

在水利工程基础数据库中,所有工程特征值,即结构化数据类型分类,如表 4-1 所示。

4.5.2 段与表的设计原则

(1)满足防洪工程维护管理系统、防汛应用系统及水调应用系统对水利工程基础信息的需求。

(2)充分概括各类工程的共性和特点,使对各类工程的描述既不失真,又尽可能简练,字段最少,但是保持对各类工程描述的完整性。

表 4-1 工程基础数据库中的数据类型

序号	数据类型	说明	举例
1	CHAR( )	可变长字符型,括号内为字段的最大长度	C(40):字段为字符型,最多可输入 40 个字符或 20 个汉字
2	NUMBER ( )	整数型,括号内是整数的位数,括号外右侧是计量单位的中文名称	NUMBER(2)米:数字型,2 位整数,单位为"米",例如:"25 米"
3	NUMBER (,)	浮点型,括号内逗号前是字段总长度,逗号后是小数的位数,括号右侧是计量单位的中文名称	NUMBER(8,3)米:数字型,小数点前可填 4 位(到千),小数点后为 3 位,单位为米,例如"2345.234 米"
4	TEXT	文本型,可用于大文本的存储	如"备注"、"存在问题"等
5	VARCHAR ( )	变长度字符型,也可用于大文本的存储	
6	DATE	日期型,计到日格式为:××××-××-×× hh:mm	1994-05-22 12:01
7	LONG RAW	用于嵌套工程图或照片、视频文件等	
8	枚举型[仍用 CHAR( )表示]	根据需要,规定录入的格式	建筑物级别,枚举型,填写格式规范为:1/2/3/4/5

(3)在组织字段时(划分表),尽可能符合各类工程技术特性的自然逻辑关系,尽可能做到一个表一个主题,使线条清晰,主题明确,方便数据的管理与检索。

(4)标准化和规范化。数据的标准化有助于消除数据库中的数据冗余。标准化有好几种形式,但(3NF)通常被认为在性能、扩展性和数据完整性方面达到了最好平衡。简单来说,遵守3NF标准的数据库的表设计原则是:"One Fact in One Place",即某个表只包括其本身基本的属性,当不是它们本身所具有的属性时须进行分解。表之间的关系通过主键相连接。

(5)适当冗余的原则。随着计算机硬件成本的大幅下降,IT已进入软件主导的时代。因此,最容易理解、应用开发工作量最少、维护最简单的数据库结构才是最好的。只要数据完整性、一致性不受威胁,有些冗余,不足为虑。

(6)信息隐蔽。这是软件工程最重要的基本原则之一。即信息的作用域越小越好,数据库的透明度越大越好,因为应用程序需要知道得越多就越复杂。使数据库黑盒化(透明度高)的方法很多,除了设计上的局部化处理外,还可以利用数据库管理系统的触发器、存储过程、函数等,把数据库中无法简化的复杂表关系封装到黑盒子里隐藏起来,特别是放到服务器端,其优越性更是多方面的。

(7)数据驱动。采用数据驱动而非硬编码的方式,许多策略变更和维护都会方便得多,大大增强系统的灵活性和扩展性。如用户界面要访问外部数据源(文件、XML文档、其他数据库等),不妨把相应的连接和路径信息存储在用户界面支持表里。角色权限管理也可以通过数据驱动来完成。

(8)尽可能广泛收集各地或不同历史时期对同一对象(属性)的不同称谓或描述,通过对语义的仔细分析,进行概括,字段(术语)的命名尽可能符合现行规范,必要时对数据的"域"给出明确的定义,以保证字段无二义性。

(9)利用各种数据库技术对字段和表进行组织,使所有数据有机地结合起来,为开发一个数据操作、维护方便、界面友好、反应速度快捷的数据库管理系统创造条件。

(10)慎用外键。当前的关系型数据库通过外键把许多独立的实体牵连在一起,不仅使数据库维持数据一致性负担沉重,也使数据库应用复杂化,加重了程序开发负担。这样的数据库很难理解,也难以实现信息隐蔽性设计,往往把简单问题复杂化。

4.5.3 表标识符与字段标识的设计

黄河水利工程基础数据库的表名及字段名的标识符以英文为基础,全部由英文字母及数字构成。

4.5.3.1 字段标识符设计

标识符均以英文字母开头,标识符中英文大小写字母表示同一含义,可任意选用。

为便于联想和记忆,标识符的构造直接与中文名挂钩,即按中文名的汉语词序将相当的英文单词缩写后合并成标识符。例如:"河流代码"可分解为二个汉语单词,即"河流－代码",相应的英文单词为"RIVER－CODE",缩写合并为"rivercd"。这种方法可以使标识符完全不顾英文的语法和习惯,并且减少了由英文译法不同所带来的随意性。

英文单词缩写时一般遵循以下原则:

(1)优先采用国际、国内及有关专业部门已经习惯的缩写符。

(2)在没有标准或习惯缩写符时,一般先将单词中的元音字符剔去(元音打头的予以保留,有时第一个元音也予以保留)在剔除后的字符串中依序取一个或多个字符构成缩写符。

(3)为了提高标识符的规范化水平,应做到同一汉语单词具有相同的缩写符。

4.5.3.2 数据库的表标识符设计

黄河工程基础数据库的英文表标识符格式如图 4-3 所示。

图 4-3 黄河工程基础数据库的英文表标识符格式

前缀表示工程类别,取自每类工程名称的英文缩写,根据不同的工程类别,XX 取值见表 4-2。数据库表名的后部标识与字段名的标识符设计方法类同,均采用英文缩写。数据库表名与表标识符对照如表 4-3 所示。

表 4-2　数据库表标识符前缀对照表

类别名称	XX 取值	备注
堤防工程	DK	dike 的缩写
治河工程	RP	river project 的缩写
水闸工程	WG	water gate 的缩写
穿堤建筑物	TS	through structure 的缩写
跨河跨堤工程	SP	stride project 的缩写
险点险段	DS	danger spot 的缩写
水库	RE	reservoir 的缩写
机电排灌站	MI	machine irrigate 的缩写
生物工程	BP	biology project 的缩写
附属设施	PE	pertain establishment 的缩写
工程安全监测	SM	safety monitor 的缩写

表 4-3　数据库表名与表标识符对照表

序号	表名	表名描述
1	DK _ COMMINFO	堤防(段)一般信息表
2	DK _ BASCINFO	堤防(段)基本情况表
3	DK _ SECTPARA	堤防横断面参数表
4	DK _ SECTCOMM	堤防横断面基本情况表
5	DK _ HYDRPARA	堤防水文特征表
6	DK _ HISBREARD	堤防(段)历史决溢记录表

序号	表名	表名描述
7	DK _ FRINFO	淤临淤背工程基本情况表
8	DK _ QTBASEINFO	前后戗基本情况表
9	DK _ PRVSEEPINFO	防渗墙工程基本情况表
10	DK _ DKTTOPROAD	堤顶硬化道路基本情况表
11	RP _ COMMINFO	河道整治工程一般信息表
12	RP _ BASEINFO	河道整治工程基本情况表
13	RP _ BDHUANINFO	坝垛护岸基本信息表
14	RP _ DAMSTAT	坝垛护岸年度资料统计表
15	WG _ BASCINFO	水闸基本信息表
16	TS _ BASCINFO	穿堤建筑物基本信息表
17	TS _ INVERTSIPHON	虹吸基本信息表
18	TS _ CULVERT	涵管信息表
19	TS _ OTHERCULVE	其他穿堤建筑物基本信息表
20	SP _ BASCINFO	跨河工程基本信息表
21	SP _ BRIDGEINFO	桥梁基本信息表
22	SP _ PIPELNINFO	管线基本信息表
23	DS _ BASCINFO	险点险段基本信息表
24	RE _ COMMINFO	水库一般信息表
25	RE _ BASCINFO	水库基本信息表
26	RE _ HYDRPARA	水库水文特征值表
27	MI _ COMMINFO	机电排灌站一般信息表
28	MI _ BASCINFO	机电排灌站基本情况表
29	BP _ GATETREE	行道林(门树)基本情况表
30	BP _ PREWVFORE	防浪林基本情况表

序号	表名	表名描述
31	BP _ FITGROWFORE	适生林基本情况表
32	BP _ SWARD	草皮基本情况表
33	PE _ MANABASE	管护基地基本信息表
34	PE _ SIGNTERMI	标识桩、界牌情况表
35	PE _ INSTRUMENT	管护机械、器具情况表
36	PE _ ASSISTROAD	上堤辅道情况表
37	PE _ MNTNRANKINFO	工程养护队伍基本信息
38	PE _ FDPRVROAD	防汛道路基本情况表
39	DK _ DAYMAINTEN	堤防日常维护管理信息表
40	DK _ HIDDDETE	堤防隐患探测信息表
41	DK _ GENCHECK	堤防工程普查信息表
42	RP _ DAYMAINTEN	治河工程日常维护管理信息表
43	RP _ GENCHECK	治河工程普查信息表
44	RP _ ROOTSTDETPARA	根石探测断面参数表
45	WG _ RAINDAMAG	水闸工程日常维护信息统计表
46	WG _ ESTABMAINT	水闸附属设施养护管理信息表
47	WG _ GENCHECK	水闸(虹吸)工程普查信息表
48	BP _ MAINTEN	生物工程维护管理信息表
49	PE _ SIGNMAINTEN	管护标志标牌信息表
50	SM _ DKSMINFO	工程安全监测基本信息表
51	SM _ ENSMINFO	测点信息表
52	SM _ ENSMPARAINFO	监测仪器参数信息表
53	SM _ ENSMSTMSVAL	测点测值信息表
54	SM _ ENSMSTALARM	测点报警信息表

4.5.3.3　表体设计

数据库表体的构成如表 4-4 所示。

表 4-4　数据库表体

字段名	标识符	类型及长度	计量单位	有无空值	主键	索引序号

第5章　数据库逻辑结构

5.1　数据库表主要内容

数据库结构设计按数据的分类可分为 10 大类,每类信息中的数据表主要内容如下所述。

5.1.1　堤防类信息

(1)堤防(段)一般信息。

堤防(段)名称代码、资料更新日期、堤防(段)、级别、地震基本烈度、地震设计烈度、堤防完整性等。

(2)堤防(段)基本信息。

堤防(段)名称代码、堤防(段)起止点位置、堤防(段)起止点桩号、堤防(段)类型、险工堤段长度、平工堤段长度、堤防(段)长度、起止点堤顶高程、最大堤顶高程、最小堤顶高程等内容。

(3)堤防(段)水文特征。

堤防(断面)名称代码、资料更新日期、设计洪水标准、设计洪水位、保证水位、设防水位、设计流量、历史最高水位、历史最高水位发生日期、历史最大洪峰流量、历史最大洪峰流量发生日期等。

(4)堤防(段)历史决溢记录。堤防(段)名称代码、决溢时间、决溢地点、淹没面积、受灾面积、淹没村庄、淹没城镇、淹没耕地、财产损失、受灾人口等。

(5)堤防断面参数。

堤防断面代码、堤防断面名称、测量日期、起点距、测点高程等。

(6)堤防断面基本信息。

堤防断面代码、堤防代码、数据更新日期、堤面类型、大堤桩号、设计水位、警戒水位、保证水位、设计流量等内容。

(7)淤临淤背工程基本信息。

堤防(段)工程代码、管理单位代码、淤区类别、岸别、起点桩号、终点桩号、淤筑形式、淤区长度、淤区平均宽度、淤区平均高程、工程投资、淤区开发情况等。

(8)防渗墙工程基本信息。

堤防(段)工程代码、管理单位代码、防渗墙名称、资料更新日期、岸别、地基地质、防渗墙类型、起点位置、防渗墙长度、防渗墙宽度等。

(9)前后戗基本信息。

堤防(段)工程代码、管理单位代码、戗台类别、岸别、戗台结构形式、渗水部位、起止点位置、戗台长度、戗台平均宽度、戗台平均高程等。

(10)堤顶硬化道路基本信息。

管理单位代码、堤顶道路代码、岸别、路面类型、道路级别、修建时间、位置、堤顶路长度、堤顶路宽度、硬化路面厚度等。

(11)堤防日常维护管理信息。

管理单位代码、起止桩号、硬化堤顶道路养护面积、硬化堤顶道路投资、堤顶刮平面积、堤顶碾压面积、堤顶洒水养护面积、堤肩残缺修补土方、堤防清除高杆杂草面积、截渗沟清淤长度等。

(12)堤防隐患探测信息。

管理单位代码、探测时间、隐患探测情况、隐患性质描述、加固及处理情况、异常点特征描述等。

(13)堤防工程普查信息。

管理单位代码、堤防(段)工程代码、资料更新日期、堤身裂缝条数(长度、宽度)、动物洞穴处数(洞径、洞深)、獾狐洞口数、鼠蛇洞口数、堤身水沟浪窝处数(缺土方)、淤区水沟浪窝处数(缺土方)、堤防陷坑天井处数(直径、深度)、堤防草皮老化面积、堤防违章建筑总处数、堤防防汛屋损坏间数等。

5.1.2　治河工程类信息

(1)根石探测成果。

工程代码、探测时间、附近水文站流量、探测水深、控测断面数、根石深度范围、坝顶高程、根石台宽度、根石台高程、填报时间、1:1.0缺石量、1:1.3缺石量、1:1.5缺石量等。

(2)根石探测断面参数。

工程代码、探测断面部位、起点距、高程、实测根石平均坡度、实测根石最大深度、审核人、填报人、观测时间、附近水文站流量等。

(3)治河工程一般信息。

工程名称代码、岸别、资料截止日期、管理单位代码、管理单位名称、被整治河段起点桩号、上游送流工程、下游送流工程等内容。

(4)险工控导滚河防护基本信息。

工程代码、工程类型、工程结构形式、始建时间、起止桩号、岸别、坝数、垛数、护岸数、工程长度、裹护长度、平面布局形式、最大根石深度、平均根石深度、乱石坝道数、扣石坝道数、砌石坝道数等。

(5)坝垛护岸信息。

工程代码、坝号、垛号、护岸号、别名、分类、坝垛护岸类型、工程结构形式、坝头形式、公里桩号、始建年月、与下坝档距、主次坝、交角、长度、裹护长度、口石结构、口石尺寸、口石高程、眉子土结构、眉子土尺寸、坝面设计高程、坝面实际高程、根石工程结构、根石台长等内容。

(6)治河工程日常维护管理信息。

治河工程代码、清除高秆杂草面积、水沟浪窝养护工程量、天井陷坑养护工程量、动物洞穴养护工程量、坝坡整修养护工程量、扣石坍塌修复工程量、眉子土损坏修复工程量、坦石裂缝养护工程量、根石加固工程量等。

(7)治河工程普查信息。

管理单位代码、治河工程代码、坝体裂缝条数(总长度、宽度)、坝顶水沟浪窝处数、坝顶水沟浪窝缺土方、坝体陷坑天井个数(直径)、坝垛草皮老化处数、坝垛铭牌标志损坏个数、坝基残缺土方量、坝岸坦石(坡)蛰陷处数、坝岸坦石(坡)排水沟损坏条数等。

5.1.3 涵闸类信息

(1)涵闸基本信息。

涵闸名称代码、涵闸类别、岸别、桩号、资料更新日期、孔数、孔口净高、孔口净宽、孔口内径、测流方式、设计流量、设计排水流量、设计灌溉流量、设计加大流量、含沙量、输沙率等内容。

(2)水闸工程日常维护信息。

水闸工程代码、管理单位代码、闸机房维修面积、启闭机损坏维修部件数、防洪闸板养护管理情况、止水设施老化处理情况、闸室裂缝处理情况、配电设备维修养护情况等。

(3)水闸附属设施养护管理信息。

水闸工程代码、管理单位代码、养护类别、管理房维修面积、清除院内高秆杂草面积、清除院内高秆杂草次数、通讯设施维修情况、交通道路路面结构、交通道路路面损坏尺寸等。

(4)水闸(虹吸)工程普查信息。

水闸工程代码、管理单位代码、启闭情况、存在问题、处理意见等。

5.1.4 跨河工程类信息

(1)跨河工程基本信息。

跨河工程名称代码、资料更新日期、左岸桩号、左岸堤顶高程、右岸桩号、右岸堤顶高程、两岸堤防距离、跨河工程与大堤交叉形式、管理交通涵洞、管理交通辅道、地震基本烈度、地震设计烈度、跨河工程地质情况等。

(2)桥梁基本信息。

跨河工程名称代码、主桥类型、主桥长度、副桥类型、副桥长、主桥面宽、副桥面宽、主桥面最高点高程、主桥梁底高程、主桥孔数、副桥孔数、主桥桥孔净跨度、桥梁设计荷载、通航与行洪对桥梁的影响等。

(3)管线基本信息表。

跨河工程代码、资料更新日期、跨河方式、管线用途、管线类别、管线跨河长度、管(线)外径、设计洪水位以上净高或埋深、管线跨河部分下缘最低高程、管线支墩净跨度、通航与行洪对管线的影响等。

5.1.5 穿堤建筑物类信息

(1)穿堤建筑物基本信息。

穿堤建筑物名称代码、资料更新日期、建成日期、工程位置、所在堤防(段)名称代码、堤顶宽度、堤顶高程、设计迎水面水位、设计背水面水位、水准基面、假定水准基面位置等。

(2)倒虹吸基本信息。

穿堤建筑物名称代码、资料更新日期、孔数(条数)、管道净高、管道净宽、管道内径、倒虹吸进口顶高程、倒虹吸进口底高程、倒虹吸出口顶高程、倒虹吸出口底高程、倒虹吸管顶高程、倒虹吸管底高程、设计流量等内容。

(3)涵管基本信息。

涵管名称代码、资料更新日期、孔数(条数)、管道断面形状、管道净高、管道净宽、管道内径、进口底槛高程、出口底槛高程、闸门型式、闸门数量等。

(4)其他穿堤建筑物基本信息。

其他穿堤建筑物代码、孔数(管道条数)、横断面形状、横断面几何尺寸、建筑物用途、建筑物对应的堤防桩号、进口底槛高程、出口底槛高程、结构类型等。

5.1.6 机电排灌站类信息

(1)机电排灌站一般信息。

机电排灌站代码、资料更新日期、工程位置、运用原则、类型、建成日期、开始运行日期、水准基面等。

(2)机电排灌站基本信息。

机电排灌站代码、资料更新日期、设计装机总容量、实际装机总容量、机组台数、泵型、排水设计前池水位、排水设计后池水位、泵池底板高程等。

5.1.7 水库类信息

(1)水库一般信息表。

水库名称代码、资料更新日期、管理单位代码、坝址所在地点、建成日期、工程等别、水准基面、假定水准基面位置、水库枢纽建筑物组成、存在问题等。

(2)水库水文特征值表。

水库名称代码、资料更新日期、集水面积、多年平均降水量、多年平均流量、多年平均蒸发量、多年平均含沙量、多年平均输沙量、发电引用总流量、设计洪水位时最大泄量、校核洪水位时最大泄量、最小下泄流量、最小泄量相应下游水位、主坝类型、主坝长、总库容、防洪库容、最大坝高、水库坝顶高程、校核洪水位、设计洪水位、正常蓄水位、死水位、死库容、汛限水位、汛限水位相应库容、历史最高水位等。

5.1.8 蓄滞(行)洪区类信息

(1)蓄滞(行)洪区一般信息表。

蓄滞(行)洪区名称代码、资料更新日期、管理单位代码、管理单位名称、设区日期、水准基面、假定水准基面位置等。

(2)蓄滞(行)洪区基本情况表。

设计行(蓄)洪水位、设计蓄洪量、设计行洪流量、平均地面高程、最低地面高程、区内居住人口、区内生产人口、区内耕地、区内房屋、区内县数、区内乡镇数、区内村庄数、区内重要设施、区内固定资产总值、区内国内生产总值、迁安总村数、规划外迁人数、已外迁人数、规划临时转移人数、规划就地安置人数、已有避水设施能安置人数、实际运用频率等。

5.1.9　生物工程类信息

（1）行道林基本信息。

管理单位代码、行道林代码、树种种类、行道林种植时间、资料更新日期、起始桩号、终点桩号、（行道林）长度、株数、行距、株距、林木缺损率等。

（2）防浪林基本信息。

管理单位代码、防浪林代码、树种种类、种植时间、资料更新日期、起始桩号、终点桩号、林带长度、平均宽度、种植面积、行距、株距、株数、林木缺损率等。

（3）适生林基本信息。

管理单位代码、适生林代码、树种种类、种植时间、资料更新日期、起始桩号、终点桩号、林带长度、平均宽度、种植面积、行距、株距、株数、林木缺损率等。

（4）草皮种植情况。

管理单位代码、草皮工程代码、草皮种植时间、草皮种类、起始桩号、终点桩号、草皮面积、草皮覆盖率等。

5.1.10　工程附属设施

（1）防汛道路基本信息。

管理单位代码、防汛道路代码、岸别、道路性质、路面类型、道路级别、修建时间、起点位置、终点位置、与堤顶路交会位置、对应堤防桩号、与控导工程交汇位置、相应控导工程坝号、堤顶路长度、堤顶路宽度、硬化路面厚度、道况、工程设计单位、工程建设单位、工程投资等。

(2)上堤辅道信息。

管理单位代码、上堤辅道代码、资料更新日期、资料更新责任人、相应大堤桩号、上堤辅道位置、路面结构、(上堤辅道)长度、(上堤辅道)宽度等。

(3)管护基地基本信息。

管护基地代码、资料更新日期、管护基地位置、管护基地面积、管护基地房屋建筑面积、管护堤段长度、机械配备情况等。

(4)标志桩、界牌信息。

管理单位代码、管护基地代码、资料更新日期、公里桩、百米桩、工程标示牌、路口标示牌、县级交界牌、乡级交界牌、村界牌、临河地界桩、坝号桩等。

(5)管护机械、器具信息。

管护基地代码、资料更新日期、管理机械、洒水车、工具车、面包车、翻斗车、推土机、发电机、混凝土路面养护设备等。

(6)工程养护队伍基本信息。

养护队伍代码、资料更新日期、成立时间、主管部门、资质等级、通信地址、人员总数、管理人员数、技术人员数、高级技师人数、技师人数等。

5.1.11 工程安全监测信息

(1)工程安全监测基本信息。

工程代码、管理单位代码、资料更新日期、安全监测项目设置情况、安全监测仪器布设情况、安装时间等。

(2)测点信息。

测点编码、工程代码、资料更新日期、测点名称、测点设计编号、使用的仪器、测量方式、测量状态、安装时间、测点的监测种类、观测项目等。

(3)监测仪器参数信息。

工程代码、资料更新日期、测点仪器编号、测点名称、仪器出厂编号、仪器灵敏度、仪器安装时间、仪器现场率定情况、仪器测值量程、电测值等。

(4)测点测值信息。

测点编码、测量时间、测点测值 1、测点测值 2、测点测值 3、测值有效性指标等。

(5)测点报警信息。

测点编码、位置标号、报警测值的记录时间、报警的时间、报警类型、报警的文字表述、该报警是否被处理等。

5.2 数据库表结构

5.2.1 基础信息

5.2.1.1 堤防

堤防的基本信息如表 5-1～表 5-8 所示。

表 5-1 堤防(段)一般信息表结构

字段名	标识符	类型及长度	计量单位	主键	有无空值	索引序号
堤防(段)工程代码	dknmcd	C(11)		yes	no	1
管理单位代码	aduncd	C(6)		yes	no	2
资料更新日期	inupdt	DATE		yes	no	3
资料更新责任人	inudperson	C(8)			no	
河流代码	rivercd	C(8)			no	
岸别	side	C(4)				
堤防(段)级别	bncl	C(1)				
地震基本烈度	erbsin	INT	级			
抗震设计烈度	erdsin	INT	级			
工程坐标零点位置	coordzeropl	C(40)				
堤防完整度	dkbnig	N(6,2)				
水准基面	baselevel	C(10)				
假定水准基面位置	assblp	C(32)				
情况介绍	inin	TEXT				

表 5-2　堤防(段)基本情况表结构

字段名	标识符	类型及长度	计量单位	主键	有无空值	索引序号
堤防(段)工程代码	dknmcd	C(11)		yes	no	1
资料更新日期	inupdt	DATE		yes	no	2
资料更新责任人	inudperson	C(8)			no	
岸别	side	C(4)			no	
起点位置	stapla	C(40)				
起点桩号	stpegno	C(20)				
起点堤顶高程	jmbntpel	N(7,2)	m			
终点位置	endpla	C(40)				
终点桩号	endpehno	C(20)				
终点堤顶高程	enbntpel	N(7,2)	m			
堤防(段)类型	bnsctp	C(8)				
险点、险段处数	dpdsnb	INT	处			
堤防安全监测设施情况	seinmsin	VC(255)				
堤防(段)长度	bnscln	N(7,3)	km			
险工处数	dnbnnum	INT	处			
险工堤段长度	sfbnsln	INT	m			
平工堤段长度	dnbnsln	INT	m			
平工堤段最大堤高	sfbnmaxhg	N(5,2)	m			
平工堤段平均堤高	sfbnavghg	N(5,2)	m			
最大堤顶高程	maxbnel	N(7,2)	m			
最大堤顶高程所在桩号	maxbnelch	C(20)				
最小堤顶高程	mnbnel	N(7,2)	m			
最小堤顶高程所在桩号	mndmhgel	C(20)				
最大堤顶宽度	mxbntpwd	N(5,1)	m			
最大堤顶宽度所在桩号	mdtwch	C(20)				

字段名	标识符	类型及长度	计量单位	主键	有无空值	索引序号
最窄堤顶宽度	lsdktpwt	N(5,1)	m			
最窄堤顶宽度所在桩号	lsdtwch	C(20)				
堤顶平均宽度	bntpavwd	N(4,1)	m			
平均堤顶高程	avdkhi	N(7,2)	m			
最宽堤顶宽度	maxwid	N(5,1)	m			
最宽堤顶宽所在桩号	maxwidpen	C(16)				
左右岸最大堤防距离	lrmaxds	N(7,1)	km			
左右岸最大堤防距离所在桩号	lrmaxdspen	C(16)				
左右岸最小堤防距离	lrminds	N(7,1)				
左右岸最小堤防距离所在桩号	lrmindspen	C(16)				
左右岸平均堤防距离	aveds	N(7,1)	km			
石化护坡处数	prslnb	INT	处			
石化护坡总长度	prslln	N(7,1)	m			
临河堤脚平均高程	frbntoavgel	N(7,2)	m			
临河滩地平均高程	frbravgel	N(7,2)	m			
临河滩地平均宽度	frbravgwd	N(7,1)	m			
背河堤脚平均高程	brdkrtavgh	N(7,2)	m			
临河滩地最大宽度	frbrmaxwd	N(7,1)	m			
边坡比(临河)	brslslrt	C(6)				
边坡比(背河)	brslslrt	C(6)				
堤段内水闸处数	cnclgtnum	INT	处			
堤段内虹吸处数	cnsphntnum	INT	处			
临堤村庄个数	frdkvillnum	INT	个			
近堤坑塘处数	potholenum	INT	处			
存在问题	exqs	VC(255)				

表 5-3 堤防横断面参数表结构

字段名	标识符	类型及长度	计量单位	主键	有无空值	索引序号
堤防断面代码	dksecd	C(14)		yes	no	1
测量日期	inupdt	DATE		yes	no	2
起点距	gbds	N(7,2)	m	yes	no	3
测点高程	obel	N(7,2)	m		no	
起始点位置	jpoffloc	C(26)				
资料更新责任人	inudperson	C(8)			no	

表 5-4 堤防横断面基本情况表结构

字段名	标识符	类型及长度	计量单位	主键	有无空值	索引序号
堤防断面代码	dksecd	C(14)		yes	no	1
堤防(段)工程代码	dknmcd	C(11)		yes	no	2
大堤横断面桩号	dkpino	C(20)		yes	no	3
资料更新日期	inupdt	DATE		yes	no	4
资料更新责任人	inudperson	C(8)			no	
设防流量	dsfl	N(9,3)	m³/s			
警戒水位	flctlv	N(7,2)	m			
设计堤顶高程	dsbntph	N(7,2)	m			
2000 年设防水位	dsfc2000	N(7,2)	m			
临河滩地宽度	frbtwd	N(7,1)	m			
临河护堤地宽度	frpdw	N(6,1)	m			
临河堤脚高程	frbntoel	N(7,2)	m			
前戗顶高程	ufrtel	N(7,2)	m			
前戗顶宽	ufrtwd	N(4,1)	m			
边坡比(前戗)	upflrfsl	C(6)				
临河地面高程	frgrdhi	N(7,2)	m			
边坡比(临河)	frslslrt	C(6)				

字段名	标识符	类型及长度	计量单位	主键	有无空值	索引序号
临河护坡情况	frspsin	C(40)				
路面类型	tprdtype	C(32)				
设计超高	dsovh	N(7,2)	m			
堤顶超设防水位值	ovdslev	N(7,2)	m			
堤顶低设计高程值	lowdshi	N(7,2)	m			
堤顶宽度	dtw	N(4,1)	m			
堤顶高程	dtel	N(7,2)	m			
堤身土质	bnbdslch	C(100)				
堤身防渗工程形式	bnbdantp	C(20)				
堤身高度	bnbdhg	N(4,2)	m			
后戗顶高程	dfrtel	N(7,2)	m			
后戗顶宽	dfrtwd	N(5,1)	m			
边坡比(后戗)	dwflrfsl	C(10)				
背河淤区高程	brfrh	N(7,2)	m			
背河淤区宽度	brfrw	N(7,1)	m			
背河淤区围堤顶高程	brfrdtel	N(7,2)	m			
背河淤区围堤顶宽	brfrdtwd	N(4,1)	m			
背河淤区土质	brfrld	C(16)				
背河淤区包淤厚度	brfrovpy	N(4,2)	m			
背河淤区包淤土质	brfrovld	C(16)				
边坡比(背河)	brslslrt	C(10)				
背河护坡情况	brspsin	C(40)				
背河堤脚高程	brnntoel	N(7,2)	m			
背河柳荫地宽度	brwlovslwd	N(6,1)	m			
背河地面高程	brgrdhi	N(7,2)	m			
堤基地质	bnbsgl	C(255)				
堤基防渗形式	bnbsantp	C(32)				
历史出险情况	hisinst	VC(255)				
备注	note	VC(255)				

表 5-5　堤防水文特征表结构

字段名	标识符	类型及长度	计量单位	主键	有无空值	索引序号
堤防断面代码	dksecd	C(14)		yes	no	1
资料更新日期	inupdt	DATE		yes	no	2
资料更新责任人	inupreson	C(8)				
设计洪水标准	dsflst	N(9,3)	m^3/s			
设计洪水位	dsfllv	N(7,2)	m			
当年保证水位	gnwtlev	N(7,2)	m			
当年警戒水位	alwtlev	N(7,2)	m			
保证流量	gnfl	N(9,3)	m^3/s			
警戒流量	alfl	N(9,3)	m^3/s			
2000 年设防水位	dsfc2000	N(7,2)	m			
保证水位	gnwtlv	N(7,2)	m			
警戒水位	alwtlv	N(7,2)	m			
设防流量	dsfl	N(9,3)	m^3/s			
历史最大洪峰流量	hmxfpfl	N(9,3)	m^3/s			
历史最大洪峰流量发生日期	hmxfldate	DATE				
历史最高水位	hshgwtlv	N(7,2)	m			
历史最高水位发生日期	hhwldate	DATE				
备注	note	VC(255)				

表 5-6　淤临淤背工程基本情况表结构

字段名	标识符	类型及长度	计量单位	主键	有无空值	索引序号
堤防(段)工程代码	dknmcd	C(11)		yes	no	1
管理单位代码	aduncd	C(6)		yes	no	2
淤区类别	frsort	C(20)		yes	no	3
资料更新日期	inupdt	DATE			no	
资料更新责任人	inudperson	C(8)			no	
岸别	side	C(4)			no	
起点位置	stapla	C(40)				
起点桩号	stpegno	C(20)				
终点位置	endpla	C(40)				
终点桩号	endpehno	C(20)				
淤筑开始时间	begintm	DATE				
淤筑结束时间	endtm	DATE				
淤筑形式	frform	C(8)				
淤区长度	frlen	N(9,3)	m			
淤区平均宽度	frwd	N(5,1)	m			
淤区平均高程	fravgel	N(7,2)	m			
包边盖顶厚度	covply	N(3,2)	m			
边坡比(淤区)	slope	C(6)				
工程投资	invest	N(11,4)	万元			
淤筑土方量	earthwk	N(7,1)	m^3			
淤区开发情况	frtap	VC(200)				
工程设计单位	dsunit	VC(100)				
施工单位	conunit	VC(100)				
备注	note	VC(255)				

表 5-7 前后戗基本情况表结构

字段名	标识符	类型及长度	计量单位	主键	有无空值	索引序号
堤防(段)工程代码	dknmcd	C(11)		yes	no	1
管理单位代码	aduncd	C(6)		yes	no	2
戗台类别	qtsort	C(20)			no	3
资料更新日期	inupdt	DATE		yes	no	4
资料更新责任人	inudperson	C(8)				
岸别	side	C(4)				
历史出险情况	hisinst	VC(255)				
戗台结构形式	qtstru	VC(200)				
渗水部位	perpart	C(100)				
起点位置	stapla	C(40)				
起点桩号	stpegno	C(20)				
终点位置	endpla	C(40)				
终点桩号	endpegno	C(20)				
戗台长度	frlen	N(7,1)	m			
戗台平均宽度	fravgwd	N(5,1)	m			
戗台平均高程	fravgel	N(7,2)	m			
边坡比(戗台)	slope	C(6)				
抢险料物使用情况	matrinst	VC(200)				
戗台防渗效果	pvspeff	VC(200)				
工程投资	invest	N(11,4)	万元			
备注	note	VC(255)				

表 5-8 防渗墙工程基本情况表结构

字段名	标识符	类型及长度	计量单位	主键	有无空值	索引序号
管理单位代码	aduncd	C(6)		yes	no	1
防渗墙名称	pvspwlnm	C(20)		yes	no	2
资料更新日期	inupdt	DATE		yes	no	3
资料更新责任人	inudperson	C(8)			no	
岸别	side	C(4)			no	
历史出险情况	hisinst	VC(255)				
修建时间	blddate	DATE				
建成日期	enddate	DATE				
地基地质	bnbsgl	C(255)				
防渗墙类型	sptype	C(20)				
防渗墙施工工艺	ocnarts	VC(100)				
起点位置	stapla	C(40)				
起点桩号	stpegno	C(20)				
终点位置	endpla	C(40)				
终点桩号	endpegno	C(20)				
防渗墙长度	len	N(7,1)	m			
防渗墙宽度	wd	N(3,2)	m			
防渗墙深度	deep	N(4,1)	m			
防渗墙质量检测情况	massinst	VC(100)				
工程设计单位	dsunit	VC(100)				
工程建设单位	conunit	VC(100)				
工程投资	invest	N(11,4)	万元			
备注	note	VC(255)				

5.2.1.2 治河工程

治河工程的基础信息如表 5-9~表 5-12。

表 5-9 治河工程一般信息表结构

字段名	标识符	类型及长度	计量单位	主键	有无空值	索引序号
治河工程代码	rpnmcd	C(11)		yes	no	1
资料更新日期	inupdt	DATE		yes	no	2
管理单位代码	aduncd	C(6)			no	
资料更新责任人	inudperson	C(8)			no	
岸别	side	C(4)			no	
整治工程类别	ensort	C(16)				
工程结构形式	enstrutype	C(50)				
平面布局形式	ftlay	C(20)				
河流代码	rivercd	C(8)				
堤防(段)工程代码	dknmcd	C(11)				
所在位置	atpl	C(32)				
水准基面	baselevel	C(40)				
假定水准基面位置	assblp	C(32)				
整治工程起点桩号	rprcjmch	C(20)				
整治工程终点桩号	rprcepch	C(20)				
上游送溜工程	upeng	C(20)				
下游迎溜工程	dweng	C(20)				
治导线参数	ldlnpar	C(60)				
被整治河段长度	rprclen	N(7,2)	km			
整治工程历史沿革	frhsin	TEXT				
河道整治流量	rwrepfl	N(9,3)	m^3/s			
设计洪水标准	dsflst	N(9,3)	m^3/s			
设计洪水位	dsfllv	N(7,2)	m			
设计流量	dsfl	N(9,3)	m^3/s			
设计超高	dsflst	N(7,2)	m			
工程数量	proamo	INT	个			
工程总长度	prolen	N(7,1)	m			
治河工程安全监测设施情况	seinmsin	VC(255)				
存在问题	exqs	VC(255)				

· 51 ·

表 5-10　治河工程基本情况表结构

字段名	标识符	类型及长度	计量单位	主键	有无空值	索引序号
治河工程代码	rpnmcd	C(11)		yes	no	1
资料更新日期	inupdt	DATE		yes	no	2
管理单位代码	aduncd	C(6)		yes	no	
资料更新责任人	inudperson	C(8)			no	
始建时间	bgbm	C(30)				
岸别	side	C(4)				
坝数	damnum	INT	道			
垛数	ds	INT	个			
护岸数	has	INT	个			
工程长度	enlen	N(7,1)	m			
裹护长度	prtlen	N(6,1)	m			
最大根石深度	mxfdstdp	N(5,1)	m			
平均根石深度	avgfdstdp	N(4,1)	m			
总土方量	totalearth	N(7,1)	m^3			
总石方量	totalstone	N(7,1)	m^3			
钢筋混凝土数量	totalbeton	N(7,1)	m^3			
总投资	invest	N(11,4)	万元			
定额备防石料	slde	N(7,1)	m^3			
实存备防石料	scde	N(7,1)	m^3			
备注	note	VC(255)				

表 5-11 坝垛护岸基本信息表结构

字段名	标识符	类型及长度	计量单位	主键	有无空值	索引序号
治河工程代码	ennmcd	C(11)		yes	no	1
坝、垛、护岸号	damcd	C(20)		yes	no	2
资料更新日期	inupdt	DATE		yes	no	3
年度	rpyear	DATE				
资料更新责任人	inudperson	C(10)			no	
别名	alnm	C(32)				
公里桩号	peno	C(10)				
治河工程类型	classify	C(32)				
工程结构形式	enstrutp	C(32)				
坝头形式	damhdtp	C(32)				
修整类型描述	repway	C(20)				
始建时间	bgbdym	C(32)				
工程作用	function	C(20)				
坝档距	nextdamdt	N(6,2)	m			
主次坝	priandsecdam	C(16)				
坝交角	croangle	N(6,2)	(°)			
坝(垛、护岸)长度	line	INT	m			
裹护长度	prtlen	N(6,1)	m			
口石结构	ksstru	C(10)				
口石尺寸	kssize	C(40)				
口石高程	kshi	N(7,2)	m			
土眉子结构	mzsoilstr	C(10)				
土眉子宽度	mzsoilsize	N(4,1)	m			
坝面设计高程	dmtpdsel	N(7,2)	m			

字段名	标识符	类型及长度	计量单位	主键	有无空值	索引序号
坝面实际高程	dmtpftel	N(7,2)	m			
根石工程结构	fdststru	C(16)				
根石台长度	rtstlen	N(5,1)	m			
根石台顶宽	fdstpfwd	N(4,1)	m			
根石台设计高程	fdstpdspel	N(7,2)	m			
根石台实际高程	fdstpftpel	N(7,2)	m			
根石台平均高程	fdstpavgh	N(7,2)	m			
边坡比(根石台平均)	fdsgravg	C(10)				
边坡比(根石迎水面)	avrtstgr	C(6)				
边坡比(根石坝前头)	rtsthdgr	C(6)				
边坡比(根石上跨角)	fdstdmhdgrd	C(6)				
根石迎水面深度	fdfrtstdp	N(4,1)	m			
坝头根石深度	fdstdp	N(4,1)	m			
上跨角根石深度	fdstftdp	N(4,1)	m			
坦石围护长度	tssurlen	N(5,1)	m			
坦石顶设计高程	dstshi	N(7,2)	m			
坦石顶实际高程	tstpdsel	N(7,2)	m			
坦石工程结构	tsenstr	C(16)				
坦石长度	tsline	N(5,1)	m			
坦石顶宽度	tstpwd	N(4,1)	m			
坦台平均高度	tstpavgh	N(7,2)	m			
边坡比(坦石)	tsingrd	C(10)				
边坡比(坦石坝头)	tsoutgrd	C(10)				
坝垛高度	fdsoilavgh	N(5,2)	m			

字段名	标识符	类型及长度	计量单位	主键	有无空值	索引序号
土基设计高程	dssohi	N(7,2)	m			
土基实际高程	ftsohi	N(7,2)	m			
土基坝长	solen	N(7,1)	m			
土基顶宽	sowd	N(5,1)	m			
土基平均高	avesohi	N(7,2)	m			
边坡比(土坝基)	fdsoilgrd	C(10)				
边坡比(土坝基坝头)	fdsoiltpgrd	C(10)				
坝垛土方用量	tfl	N(7,1)	m³			
坝垛石方用量	stones	N(7,1)	m³			
坝垛铅丝用量	qsl	N(8,1)	kg			
柳料用量	lll	N(8,1)	kg			
坝垛编织袋用量	bzdl	INT	条			
坝垛土工布用量	tgbl	N(8,1)	m²			
护底沉排用量	chparea	N(7,1)	m²			
护底沉排类别	chptype	V(50)				
混凝土量	beton	N(8,1)	m³			
钢材用量	steels	N(7,1)	kg			
工日	ydays	INT	工日			
投资	invest	N(11,4)	万元			
坝垛备防石定额数量	prestrstnum	N(7,1)	m³			
坝垛备防石数量	prestnum	N(7,1)	m³			
单位坝垛备防石垛数	perenprest-dnum	INT	垛			
备防石数量整修量	prestrep	INT	m³			
坝垛情况说明	damrecd	TEXT				

表 5-12 坝垛护岸年度统计信息表结构

字段名	标识符	类型及长度	计量单位	主键	有无空值	索引序号
治河工程代码	ennmcd	C(11)		yes	no	1
资料更新日期	inupdt	DATE		yes	no	2
修整类型描述	repway	C(32)		yes	no	3
年份	rpyear	DATE				
资料更新责任人	inudperson	C(10)			no	
本年石料量	yrpst	N(7,1)	m^3			
本年土方量	yrpew	N(7,1)	m^3			
本年铅丝量	yrple	N(7,1)	kg			
本年麻绳量	ydgms	N(7,2)	kg			
本年麻袋量	ydgmd	INT	条			
本年编织袋量	ydgwb	INT	条			
本年土工布量	ydgcl	N(7,1)	m^2			
本年木桩量	ydgtre	INT	根			
本年柳秸料量	ydgljl	N(7,1)	kg			
本年混凝土量	beton	N(8,1)	m^3			
本年钢材用量	steels	N(7,2)	kg			
本年工日	ydays	INT	工日			
本年投资	yinv	N(11,4)	万元			
备注	note	VC(255)				

5.2.1.3 水闸

水库的基本信息如表 5-13 所示。

表 5-13　水闸基本信息表结构

字段名	标识符	类型及长度	计量单位	主键	有无空值	索引序号
水闸工程代码	wgnmcd	C(11)		yes	no	1
管理单位代码	aduncd	C(6)		yes	no	2
堤防(段)工程代码	dknmcd	C(11)		yes	no	3
行政区划代码	cantoncd	C(6)			no	
资料更新日期	inupdt	DATE			no	
资料更新责任人	inudperson	C(8)			no	
水闸类别	clgsort	C(10)				
水闸类型	clgttp	C(10)				
水闸分等标准	clggrade	C(1)				
岸别	side	C(4)				
桩号	dkpeno	C(20)				
水准基面	baselevel	C(10)				
地震基本烈度	erbsin	INT	级			
抗震设计烈度	desighintst	N(2)	级			
闸门数量	gtamo	INT	个			
孔口净高	orifhg	N(6,2)	m			
孔口净宽	crntwd	N(6,2)	m			
孔口内径	orindm	N(6,2)	m			
设计流量	dsfl	N(9,3)	m^3/s			
校核流量	chflfl	N(9,3)	m^3/s			
设计加大流量	dsincfl	N(9,3)	m^3/s			
设计防洪水位	dsfllv	N(7,2)	m			
校核洪水位	chlev	N(7,2)	m			
设计引水位	dsleadlvl	N(7,2)	m			
下游设计水位	dwdslvl	N(7,2)	m			
最高运用水位	maxmanglvl	N(7,2)	m			
闸门底槛高程	gtmtel	N(7,2)	m			

字段名	标识符	类型及长度	计量单位	主键	有无空值	索引序号
消能方式	disenergy	C(10)				
公路桥面高程	rdbdgel	N(7,2)	m			
闸室洞身总长度	gchbtln	N(7,2)	m			
闸门型式	gttp	C(40)				
闸门启闭方式	gatectrmd	C(20)				
启闭机型式	opcltype	C(40)				
启闭机台数	opclnum	INT	台			
单机启闭力	stlfpw	INT	kN			
电源配置	pwspcn	INT	kW			
设计灌溉面积	dsirrarea	N(8,2)	hm²			
实际灌溉面积	ftsqr	N(8,2)	hm²			
设计排水流量	dspl	N(9,3)	m³/s			
安全监定级别	sflevel	INT				
水闸安全监测设施情况	seinmsin	TEXT				
关联工程	conjcten	VC(40)				
闸后围堰结构及断面情况	rfgtin	C(255)				
闸后围堰高程	rfgthi	N(7,2)	m			
测流方式	clmode	C(10)				
淤积情况	frin	VC(50)				
建设总投资	bdinvest	N(11,4)	万元			
改扩建投资	cginvest	N(11,4)	万元			
竣工日期	bededt	DATE				
改建竣工日期	bdedt	DATE				
存在问题	exqs	VC(255)				

5.2.1.4 穿堤建筑物

穿堤建筑物的基本信息如表 5-14～表 5-16 所示。

表 5-14　穿堤建筑物一般信息表结构

字段名	标识符	类型及长度	计量单位	主键	有无空值	索引序号
穿堤建筑物代码	ennmcd	C(11)		yes	no	1
资料更新日期	inupdt	DATE		yes	no	2
资料更新责任人	inudperson	C(8)			no	
穿堤建筑物类别	tstp	C(16)				
管理单位代码	aduncd	C(6)			no	
堤防(段)工程代码	dknmcd	C(11)				
行政区划代码	cantoncd	C(6)				
建成日期	enddate	DATE				
建设总投资	bdinvest	N(11,4)	万元			
工程位置	enplace	C(40)				
堤顶宽度	dtw	N(4,1)	m			
堤顶高程	dtel	N(7,2)	m			
动力配置	power	INT	kW			
关联工程情况	conjcten	VC(255)				
水准基面	baselevel	C(10)				
批准建设文号	fileid	C(32)				
备注	note	VC(255)				

表 5-15 **虹吸基本信息表结构**

字段名	标识符	类型及长度	计量单位	主键	有无空值	索引序号
虹吸工程代码	ennmcd	C(11)		yes	no	1
资料更新日期	inupdt	DATE		yes	no	2
资料更新责任人	inudperson	C(8)			no	
对应堤防桩号	dkpegno	C(20)			no	
孔数(管道条数)	hlnb	INT	孔(条)			
管道内径	ppindm	N(5,2)	m			
虹吸进水口形式	isitel	C(20)				
虹吸进水口高程	isimel	N(7,2)	m			
虹吸出口顶高程	isotel	N(7,2)	m			
虹吸出口底高程	isoiel	N(7,2)	m			
虹吸管顶高程	insptpel	N(7,2)	m			
虹吸管底高程	inspmtel	N(7,2)	m			
设计流量	dsfl	N(9,3)	m^3/s			
设计防洪水位	dsfllv	N(7,2)	m			
设计引水位	dsleadlvl	N(7,2)	m			
设计出口水位	dsdwlv	N(7,2)	m			
设计灌溉面积	dsirrarea	N(8,2)	hm^2			
基础结构型式	bssttp	C(40)				
使用情况及存在问题	exqs	VC(255)				

表 5-16　涵管基本信息表结构

字段名	标识符	类型及长度	计量单位	主键	有无空值	索引序号
涵管工程代码	ennmcd	C(11)		yes	no	1
资料更新日期	inupdt	DATE		yes	no	2
对应堤防桩号	dkpegno	C(20)		yes	no	3
资料更新责任人	inudperson	C(8)			no	
工程用途	enuse	C(30)				
孔数(管道条数)	hlnb	INT	孔(条)			
管道断面形状	pptrtp	C(20)				
管道净高	ppnthg	N(5,2)	m			
管道净宽	ppntwd	N(5,2)	m			
管道内径	ppindm	N(5,2)	m			
进口底槛高程	inbtcgel	N(7,2)	m			
出口底槛高程	otbtcgel	N(7,2)	m			
涵管结构型式	gttp	C(40)				
启闭机型式	opcltype	C(40)				
涵管数量	gtnb	INT	座			
设计流量	dsfl	N(9,3)	m^3/s			
设计防洪水位	dsfllv	N(7,2)	m			
设计灌溉面积	dsirrarea	N(8,2)	hm^2			
使用情况及存在问题	exqs	VC(255)				

5.2.1.5 跨河工程

跨河工程的基本信息如表 5-17~表 5-19 所示。

表 5-17 跨河工程基本信息表结构

字段名	标识符	类型及长度	计量单位	主键	有无空值	索引序号
跨河工程代码	ennmcd	C(11)		yes	no	1
资料更新日期	inupdt	DATE		yes	no	2
管理单位代码	aduncd	C(6)				
资料更新责任人	inudperson	C(8)				
跨河工程类别	strvenus	C(40)				
跨河工程用途	prouse	C(64)				
跨河工程与大堤交叉形式	crtp	C(32)				
水准基面	baselevel	C(10)				
管理交通辅道	mantraroad	INT	处			
左岸桩号	lfbnch	C(20)				
左岸位置	lfbnpl	C(40)				
左岸堤顶高程	lbbntpel	N(7,2)	m			
右岸桩号	rgbnch	C(20)				
右岸位置	rgbnpl	C(40)				
右岸堤顶高程	rsbtel	N(7,2)	m			
跨河工程处堤间距离	btshbnsp	N(7,1)	km			
河槽宽度	chwd	INT	m			

字段名	标识符	类型及长度	计量单位	主键	有无空值	索引序号
地震基本烈度	erbsin	INT	级			
抗震设计烈度	erdsin	INT	级			
设计洪水重现期	dsflst	C(20)				
设计洪水位	dsfllv	N(7,2)	m			
设计洪水流量	dsflfl	N(9,3)	m^3/s			
校核洪水重现期	chflst	C(20)				
校核洪水位	chfllv	N(7,2)	m			
校核流量	chflfl	N(9,3)	m^3/s			
通航设计最高水位	ndhelv	N(7,2)	m			
历史最高水位	hshgwtlv	N(7,2)	m			
历史最高水位发生日期	hhwldate	DATE				
历史最大洪峰流量	hmxfpfl	N(9,3)	m^3/s			
历史最大洪峰流量发生日期	hmxfldate	DATE				
跨河工程地质情况	sregin	C(40)				
是否满足防洪要求	yn	C(6)				
建设总投资	bdinvest	N(11,4)	万元			
建成日期	enddate	DATE				
备注	note	VC(255)				

表 5-18 桥梁基本信息表结构

字段名	标识符	类型及长度	计量单位	主键	有无空值	索引序号
桥梁工程代码	ennmcd	C(11)		yes	no	1
资料更新日期	inupdt	DATE		yes	no	2
资料更新责任人	inudperson	C(8)			no	
管理单位代码	aduncd	C(6)				
桥梁对应左岸桩号	lfbnch	C(20)				
桥梁对应左岸位置	lfbnpl	C(40)				
桥梁对应右岸桩号	rgbnch	C(20)				
桥梁对应右岸位置	rgbnpl	C(40)				
主桥类型	prbrtp	C(18)				
主桥长度	prbdln	N(7,1)	m			
主桥面宽	prbrsrwd	N(4,1)	m			
副桥类型	asbrtp	C(18)				
副桥长度	asbrln	N(7,1)	m			
副桥面宽	asbrsrwd	N(4,1)	m			
主桥面最高点高程	prbrsrel	N(7,2)	m			
左岸主桥梁底高程	lbrbtel	N(7,2)	m			
右岸主桥梁底高程	rbrbtel	N(7,2)	m			
主桥孔数	prbrbrnb	INT	孔			
副桥孔数	asbrbrnb	INT	孔			
主桥桥孔净跨度	pbbnsp	N(5,2)	m			
桥梁设计荷载	dscrcp	N(7,2)	kN			
桥梁对通航与行洪的影响	pbgbel	VC(255)				
建成日期	enddate	DATE				
备注	note	VC(255)				

表 5-19 管线基本信息表结构

字段名	标识符	类型及长度	计量单位	主键	有无空值	索引序号
管线工程代码	ennmcd	C(11)		yes	no	1
资料更新日期	inupdt	DATE		yes	no	2
资料更新责任人	inudperson	C(8)			no	
管理单位代码	aduncd	C(6)				
跨河方式	tp	C(32)				
交叉方式	strvmn	C(32)				
管线用途	pplnus	C(64)				
管线类别	pplntp	C(32)				
管线跨河长度	pplnln	N(7,1)	m			
管(线)外径	ppdm	N(7,2)	m			
设计洪水位以上净高或埋深	plnhbd	N(7,2)	m			
管线跨河部分下缘最低高程	plsrpdele	N(7,2)	m			
管线支墩净跨度	plcbsp	N(6,2)	m			
河床冲刷深度	rvbdscdp	N(4,1)	m			
管线对通航与行洪的影响	pplnbtel	VC(255)				
建成日期	enddate	DATE				
备注	note	VC(255)				

5.2.1.6 险点险段

险点险段的基本信息如表 5-20 所示。

表 5-20　险点险段基本信息表结构

字段名	标识符	类型及长度	计量单位	主键	有无空值	索引序号
险点险段代码	dsnmcd	C(11)		yes	no	1
河流代码	rivercd	C(8)		yes	no	2
堤防(段)工程代码	dknmcd	C(11)		yes	no	
管理单位代码	aduncd	C(6)			no	
资料更新日期	inupdt	DATE			no	
资料更新责任人	inudperson	C(8)			no	
起点桩号	stpegno	C(20)				
终点桩号	endpegno	C(20)				
险点编号	dpno	C(10)				
是否消除	ifdispel	C(4)				
(险点)长度	len	N(6,1)	m			
消除情况	disins	VC(255)				
险点险段位置	dpdspl	C(40)				
险点险段类型	chdnsccl	C(20)				
险情级别(委、省级)	dnincl	C(10)				
历史出险情况	hisinst	VC(255)				
汛期应急措施	fsst	C(255)				
防守单位及人员	unpeo	C(64)				
除险加固措施	rmdgrist	C(255)				
处理情况	dlwhins	VC(255)				
备注	note	VC(255)				

5.2.1.7 水库

水库的基本信息如表 5-21～表 5-23 所示。

表 5-21 水库一般信息表结构

字段名	标识符	类型及长度	计量单位	主键	有无空值	索引序号
水库代码	resernmcd	C(11)		yes	no	1
资料更新日期	inupdt	DATE		yes	no	2
河流代码	rivercd	C(8)				
资料更新责任人	inudperson	C(8)				
管理单位代码	aduncd	C(6)				
坝址所在地点	dmstatpl	C(40)				
建成日期	enddate	DATE				
工程等级	pjrk	C(1)				
水准基面	baselevel	C(10)				
假定水准基面位置	assblp	C(32)				
水库枢纽建筑物组成	rscci	C(255)				
存在问题	exqs	VC(255)				
备注	note	C(255)				

表 5-22　水库基本信息表结构

字段名	标识符	类型及长度	计量单位	主键	有无空值	索引序号
水库代码	resernmcd	C(11)		yes	no	1
资料更新日期	inupdt	DATE		yes	no	2
河流代码	rivercd	C(8)				
资料更新责任人	inudperson	C(8)				
总装机容量	powercap	INT	kW			
坝轴线左端点坐标 X	lcoordx	C(20)				
坝轴线左端点坐标 Y	lcoordy	C(20)				
坝轴线右端点坐标 X	rcoordx	C(20)				
坝轴线右端点坐标 Y	rcoordy	C(20)				
地震基本烈度	erbsin	INT	级			
抗震设计烈度	desighintst	INT	级			
坝顶长度	dmtopln	N(6,1)	km			
坝顶宽度	dmtopwd	N(4,1)	m			
坝体防渗措施	dmftfiltp	C(30)				
防浪墙顶高程	prewallel	N(7,2)	m			
边坡比(上游坝坡)	upslope	C(6)				
边坡比(下游坝坡)	dwslope	C(6)				
坝基地质	basegeo	C(20)				
坝基防渗措施	prespstep	C(30)				
改建情况	rebuins	C(30)				
副坝坝型	auxdmtp	C(20)				
副坝坝顶高程	auxdmtopel	N(7,2)	m			
副坝最大坝高	auxmaxh	N(6,2)	m			
副坝坝顶长度	auxdmtopln	N(6,1)	m			
副坝坝顶宽度	auxdmtopwd	N(4,1)	m			

字段名	标识符	类型及长度	计量单位	主键	有无空值	索引序号
副坝坝基防渗措施	auxdmftfiltp	C(40)				
正常/非常溢洪道	gnspilltp	C(30)				
泄水建筑物类型	ouwtbdtype	C(30)				
泄水建筑物位置	ouwtbdplace	C(30)				
底孔数	borenum	INT	孔			
溢流坝长度	overfalllen	N(6,1)	m			
地基地质	groundgeo	C(30)				
孔口断面型式	orsectype	C(30)				
孔口净高	orifhg	N(6,2)	m			
孔口净宽	orifwd	N(6,2)	m			
孔口内径	orindm	N(6,2)	m			
进口底槛高程	inbtcgel	N(7,2)	m			
出口底槛高程	otbtcgel	N(7,2)	m			
消能方式	disenergy	C(10)				
进口闸门型式	instrotype	C(20)				
进口闸门数量	intstronum	INT	个			
启闭机型式	opcltype	C(40)				
启闭机台数	opclnum	INT	台			
启闭时间	opcltime	DATE				
启闭机电源	opclele	C(20)				
观测开始年份	obsebegyear	DATE				
观测项目	obseitem	C(20)				
观测系列长	obseseries	INT	年			
备注	note	VC(255)				

表 5-23　水库水文特征值表结构

字段名	标识符	类型及长度	计量单位	主键	有无空值	索引序号
水库代码	resernmcd	C(11)		yes	no	1
资料更新日期	inupdt	DATE		yes	no	2
资料更新责任人	inudperson	C(8)				
集水面积	area	N(7,2)	km^2			
多年平均降水量	avanpr	INT	mm			
多年平均流量	avanrn	N(9,3)	m^3/s			
多年平均蒸发量	avanev	INT	mm			
多年平均含沙量	avansnqn	N(7,2)	kg/m^3			
多年平均输沙量	avansdld	N(10,3)	万 t/a			
发电引用总流量	gnquttfl	N(9,3)	m^3/s			
设计洪水位时最大泄量	dflmd	N(9,3)	m^3/s			
校核洪水位时最大泄量	cflmd	N(9,3)	m^3/s			
最小下泄流量	mnds	N(9,3)	m^3/s			
最小泄量相应下游水位	mddwl	N(7,2)	m			
主坝类型	datp	C(64)				
主坝长	dalen	N(6,1)	m			
总库容	recap	N(6,2)	亿 m^3			
防洪库容	flcap	N(6,2)	亿 m^3			
最大坝高	mxdahi	N(7,2)	m			
水库坝顶高程	resdahi	N(7,2)	m			
校核洪水位	chlev	N(7,2)	m			
设计洪水位	dsfllv	N(7,2)	m			
设计洪水标准	dsflst	N(9,3)	m^3/s			
调节库容	resbencap	N(6,2)	亿 m^3			
正常蓄水位	stlev	N(7,2)	m			
死水位	delev	N(7,2)	m			
死库容	decap	N(6,2)	亿 m^3			
汛限水位	fllmlev	N(7,2)	m			
汛限水位相应库容	fllevcap	N(6,2)	亿 m^3			
历史最高水位	hshgwtlv	N(7,2)	m			
历史最高水位发生日期	hhwldate	DATE				
备注	note	C(255)				

5.2.1.8 蓄滞洪区

蓄滞洪区的基本信息如表5-24～表5-26所示。

表 5-24　蓄滞洪区一般信息表结构

字段名	标识符	类型及长度	计量单位	主键	有无空值	索引序号
蓄滞洪区名称代码	drnmcd	C(10)		yes	no	2
资料更新日期	inupdt	DATE		yes	no	1
管理单位代码	aduncd	C(6)				
设区日期	setdt	DATE				
水准基面	baslev	C(32)				
假定水准基面位置	assblp	C(32)				
备注	rm	C(255)				

表 5-25　蓄滞洪区基本情况表结构

字段名	标识符	类型及长度	计量单位	主键	有无空值	索引序号
蓄滞洪区名称代码	drnmcd	C(10)		yes	no	2
资料更新日期	inupdt	DATE		yes	no	1
蓄滞洪区总面积	totarea	N(7,2)	km²			
设计蓄洪面积	desarea	N(7,2)	km²			
蓄滞洪区围堤长度	dklen	N7,2)	km			
设计蓄洪水位	dslev	N(7,2)	m			
设计蓄洪量	dsgoflqn	N(7,2)	亿 m³			

字段名	标识符	类型及长度	计量单位	主键	有无空值	索引序号
平均地面高程	avegrhi	N(7,2)	m			
最低地面高程	lwgrhi	N(7,2)	m			
区内重要设施	impest	C(64)				
迁安总人数	mvtotpeo	N(7,2)	万人			
规划外迁人数	dsmvpeo	N(12)	人			
已外迁人数	mvdpeo	N(12)	人			
规划临时转移人数	dstemupeo	N(12)	人			
规划就地安置人数	dsputpeo	N(12)	人			
已有避水设施能安置人数	canputpeo	N(12)	人			
硬化撤退道路长度	rdlen	N(7,2)	km			
硬化撤退道路条数	rdamo	N(7)	条			
实际运用频率	atusfr	C(32)				
分洪设施个数	fleqamo	N(7)	个			
分洪设施类型	fleqtp	C(32)				
分洪设施设计分洪流量	flds	N(7,2)	m^3/s			
泄洪闸个数	flchamo	N(7)	个			
泄洪闸设计泄洪流量	flchds	N(7,2)	m^3/s			
蓄滞洪区应用条件	drcon	C(255)				
蓄滞洪区调度权限	dratt	C(255)				
预警设施描述	fceq	C(255)				
备注	rm	C(255)				

表 5-26　蓄滞洪区社经情况表结构

字段名	标识符	类型及长度	计量单位	主键	有无空值	索引序号
蓄滞洪区名称代码	drnmcd	C(10)		yes	no	2
资料更新日期	inupdt	DATE		yes	no	1
县数	countys	N(7)	个			
涉及乡镇	dwtw	N(7)	个			
涉及村庄	dwvil	N(7)	个			
涉及人口	dpeo	N(7,2)	万人			
区内乡镇	intw	N(7)	个			
区内村庄	invil	N(7)	个			
区内人口	inpeo	N(7,2)	万人			
区内居住人口	dwpeo	N(7,2)	万人			
区内生产人口	propeo	N(7,2)	万人			
有台村庄	hvvil	N(7)	个			
无台村庄	novil	N(7)	个			
台上居住人口	uppeo	N(7)	万人			
无台居住人口	ntpeo	N(7)	万人			
硬化撤退道路长度	rdlen	N(7)	km			
硬化撤退道路条数	rdamo	N(7)	条			
运用需外迁人口	rmpeo	N(7)	万人			
固定资产总值	equtova	N(7)	万元			
国内生产总值	protova	N(7)	万元			
耕地	field	N(7)	万亩			
房屋	rooms	N(7)	万间			
个人财产	peopr	N(7)	万元			
国家集体财产	stcopr	N(7)	万元			
人均年收入	avein	N(7)	元			
区内企业个数	seenamo	N(7)	个			
区内企业名称	seennm	C(64)				
企业固定资产	enfx	N(7)	万元			
企业年产值	enpv	N(7)	万元			
备注	rm	C(255)				

5.2.1.9 机电排灌站

机电排灌站的基本信息如表 5-27 所示。

表 5-27　机电排灌站一般信息表结构

字段名	标识符	类型及长度	计量单位	主键	有无空值	索引序号
机电排灌站代码	minmcd	C(11)		yes	no	1
资料更新日期	inupdt	DATE		yes	no	2
管理单位代码	aduncd	C(6)				
工程位置	enplace	C(40)				
运用原则	oppr	C(40)				
类型	mitp	C(32)				
建成日期	enddate	DATE				
开始运行日期	opbgdt	DATE				
水准基面	baselevel	C(10)				
假定水准基面位置	assblp	C(32)				
备注	note	C(255)				

5.2.1.10 生物工程

生物工程的基本信息如表 5-28～表 5-31 所示。

表 5-28　行道林(门树)基本情况表结构

字段名	标识符	类型及长度	计量单位	主键	有无空值	索引序号
管理单位代码	aduncd	C(6)		yes	no	1
行道林代码	biopjcd	C(11)		yes	no	2
树种种类	dtkind	C(20)		yes	no	3
种植时间	cropdate	DATE		yes	no	4
资料更新日期	inupdt	DATE			no	
资料更新责任人	inudperson	C(8)			no	
起始桩号	stapegno	C(20)				
终点桩号	endpegno	C(20)				
(行道林)长度	dtlongth	N(7,1)	m			

字段名	标识符	类型及长度	计量单位	主键	有无空值	索引序号
株数	gwfamount	INT	株			
行距	rowdis	N(4,1)	m			
株距	dttrdis	N(4,1)	m			
林木缺损率	lackrate	N(6,2)	%			
备注	note	VC(255)				

表 5-29　防浪林基本情况表结构

字段名	标识符	类型及长度	计量单位	主键	有无空值	索引序号
管理单位代码	aduncd	C(6)		yes	no	1
防浪林代码	biopjcd	C(11)		yes	no	2
树种种类	dtkind	C(20)		yes	no	3
种植时间	cropdate	DATE		yes	no	4
资料更新日期	inupdt	DATE			no	
资料更新责任人	inudperson	C(8)			no	
起始桩号	stapegno	C(20)				
终点桩号	endpegno	C(20)				
林带长度	fitlength	N(7,3)	km			
平均宽度	width	N(5,1)	m			
种植面积	area	N(8,3)	hm^2			
行距	rowdis	N(4,1)	m			
株距	dttrdis	N(4,1)	m			
株数	gwfamount	INT	株			
林木缺损率	lackrate	N(6,2)	%			
备注	note	VC(255)				

表 5-30　适生林基本情况表结构

字段名	标识符	类型及长度	计量单位	主键	有无空值	索引序号
管理单位代码	aduncd	C(6)		yes	no	1
适生林代码	biopjcd	C(11)		yes	no	2
树种种类	dtkind	C(20)		yes	no	3
种植时间	cropdate	DATE		yes	no	4
资料更新日期	inupdt	DATE			no	
资料更新责任人	inudperson	C(8)			no	
起始桩号	stapegno	C(20)				
终点桩号	endpegno	C(20)				
林带长度	fitlength	N(7,3)	km			
平均宽度	width	N(5,1)	m			
种植面积	area	N(8,3)	hm^2			
行距	rowdis	N(4,1)	m			
株距	dttrdis	N(4,1)	m			
株数	gwfamount	INT	株			
林木缺损率	lackrate	N(6,2)	%			
备注	note	VC(255)				

表 5-31   草皮基本情况表结构

字段名	标识符	类型及长度	计量单位	主键	有无空值	索引序号
管理单位代码	aduncd	C(6)		yes	no	1
草皮工程代码	biopjcd	C(11)		yes	no	2
草皮种植时间	cropdate	C(255)		yes	no	3
草皮种类	turfkind	DATE		yes	no	4
资料更新日期	inupdt	DATE			no	
资料更新责任人	inudperson	C(8)			no	
起始桩号	stapegno	C(20)				
终点桩号	endpegno	C(20)				
草皮面积	trufarea	N(8,3)	hm²			
草皮覆盖率	coverrate	N(6,2)	(%)			
备注	note	VC(255)				

5.2.1.11   附属工程

附属工程的基本信息如表 5-32~表 5-38 所示。

表 5-32   堤顶硬化道路基本情况表结构

字段名	标识符	类型及长度	计量单位	主键	有无空值	索引序号
管理单位代码	aduncd	C(6)		yes	no	1
堤顶道路代码	roadcd	C(12)		yes	no	2
资料更新日期	inupdt	DATE		yes	no	3
资料更新责任人	inudperson	C(8)			no	
岸别	side	C(4)			no	

字段名	标识符	类型及长度	计量单位	主键	有无空值	索引序号
路面类型	tprdtype	C(32)				
道路级别	level	INT	级			
修建时间	blddate	DATE				
建成日期	enddate	DATE				
起点位置	stapla	C(40)				
起点桩号	stpegno	C(20)				
终点位置	endpla	C(40)				
终点桩号	endpegno	C(20)				
堤顶路长度	roadlen	N(7,3)	km			
堤顶路宽度	roadwd	N(4,1)	m			
硬化路面厚度	roadthk	N(4,2)	m			
道路状况	roadinst	VC(100)				
维修养护队伍	reprank	VC(100)				
维修养护情况	repinst	VC(100)				
工程设计单位	dsunit	VC(100)				
工程建设单位	conunit	VC(100)				
工程投资	invest	N(11,4)	万元			
备注	note	VC(255)				

表 5-33　防汛道路基本情况表结构

字段名	标识符	类型及长度	计量单位	主键	有无空值	索引序号
管护基地代码	adbasecd	C(11)		yes	no	1
防汛道路代码	roadcd	C(12)		yes	no	2
资料更新日期	inupdt	DATE		yes	no	3
资料更新责任人	inudperson	C(8)				
岸别	side	C(4)				
道路性质	kind	C(10)				
路面类型	tprdtype	C(32)				
道路级别	level	INT	级			
修建时间	blddate	DATE				
建成日期	enddate	DATE				
起点位置	stapla	C(40)				
终点位置	endpla	C(40)				
与堤顶路交汇位置	dkacross	VC(100)				
对应堤防桩号	dkpegno	C(20)				
与控导工程交汇位置	rpacross	VC(100)				
相应控导工程坝号	rpdamno	VC(20)				
堤顶路长度	roadlen	N(7,3)	km			
堤顶路宽度	roadwd	N(4,1)	m			
硬化路面厚度	roadthk	N(4,2)	m			
道路状况	roadinst	VC(100)				
工程设计单位	dsunit	VC(100)				
工程建设单位	conunit	VC(100)				
工程投资	invest	N(11,4)	万元			
备注	note	VC(255)				

表 5-34　上堤辅道情况表结构

字段名	标识符	类型及长度	计量单位	主键	有无空值	索引序号
管理单位代码	aduncd	C(6)		yes	no	1
上堤辅道代码	roaddcd	C(12)		yes	no	2
资料更新日期	inupdt	DATE		yes	no	3
资料更新责任人	inudperson	C(8)				
上堤辅道位置	croriver	C(8)				
相应大堤桩号	cordkch	C(20)				
路面结构	roadstuff	C(20)				
（上堤辅道）长度	crossgra	INT	m			
（上堤辅道）宽度	roadwid	INT	m			
备注	note	VC(255)				

表 5-35　管护基地基本信息表结构

字段名	标识符	类型及长度	计量单位	主键	有无空值	索引序号
管理单位代码	aduncd	C(6)		yes	no	1
管护基地代码	adbasecd	C(11)		yes	no	2
资料更新日期	inupdt	DATE		yes	no	3
资料更新责任人	inudperson	C(8)			no	
管护基地位置	station	C(40)				
管护基地面积	area	N(7,1)	m^2			
管护基地房屋建筑面积	housearea	N(6,1)	m^2			
管护堤段长度	mandklen	N(8,2)	m			
机械配备情况	macequcir	C(255)				
备注	note	VC(255)				

表 5-36　标志桩、界牌情况表结构

字段名	标识符	类型及长度	计量单位	主键	有无空值	索引序号
管理单位代码	aduncd	C(6)		yes	no	1
管护基地代码	adbasecd	C(11)		yes	no	2
资料更新日期	inupdt	DATE		yes	no	3
资料更新责任人	inudperson	C(8)				
公里桩	kimepeg	INT	个			
百米桩	hecmepeg	INT	个			
工程标示牌	ennapl	INT	个			
路口标示牌	cronapl	INT	个			
县级交界牌	coiboupl	INT	个			
乡级交界牌	cousboupl	INT	个			
村界牌	vilboupl	INT	个			
临河地界桩	fariboupeg	INT	个			
背河地界桩	bariboupeg	INT	个			
坝号桩	damnumpeg	INT	个			
根石断面桩	rootstxspeg	INT	个			
高标桩	hisignpeg	INT	个			
备注	note	VC(255)				

表 5-37　管护机械、器具情况表结构

字段名	标识符	类型及长度	计量单位	主键	有无空值	索引序号
管理单位代码	aduncd	C(6)		yes	no	1
管护基地代码	adbasecd	C(11)		yes	no	2
资料更新日期	inupdt	DATE		yes	no	3
资料更新责任人	inudperson	C(8)				
管理机械	manmach	INT	部			

字段名	标识符	类型及长度	计量单位	主键	有无空值	索引序号
洒水车	tankcar	INT	部			
工具车	toolcar	INT	部			
面包车	microbus	INT	部			
翻斗车	tiplorry	INT	部			
推土机	bulldozer	INT	台			
装载机	imbarkmac	INT	台			
夯实机	tampmac	INT	台			
55kW 拖拉机	55tractor	INT	台			
刮平机	stricklemac	INT	台			
割草机	mower	INT	台			
喷药机	spdrugmac	INT	台			
发电机	dynamo	INT	台			
照相机	camera	INT	台			
台式电脑	computer	INT	台			
笔记本电脑	notebookpc	INT	台			
浇灌设备	irriequ	INT	套			
混凝土路面养护设备	rdmataequ	INT	台			
水准仪	waterlevel	INT	台			
经纬仪	transit	INT	台			
备注	note	VC(255)				

表 5-38　工程养护队伍基本信息表结构

字段名	标识符	类型及长度	计量单位	主键	有无空值	索引序号
养护队伍代码	mntncd	C(10)		yes	no	1
资料更新日期	inupdt	DATE		yes	no	2
资料更新责任人	inudperson	C(8)			no	
成立时间	fudtm	DATE				
主管部门	govdprt	VC(50)				
资质等级	aptgrade	C(20)				
通信地址	ads	VC(80)				
邮政编码	postcod	VC(6)				
联系电话	tel	VC(30)				
人员总数	totalnum	INT	人			
管理人员数	magnum	INT	人			
技术人员数	technum	INT	人			
高级技师人数	hgtechnum	INT	人			
技师人数	artinum	INT	人			
高级工人数	hgwknum	INT	人			
中级工人数	worknum	INT	人			
初级工人数	priwknnum	INT	人			
主要负责人	unmngr	C(10)				
职务	mrjps	VC(50)				
职称	mrttl	VC(50)				
学历	mredudgr	VC(30)				
联系电话	tel	VC(30)				
相应工程业绩		VC(80)				
备注	note	VC(255)				

5.2.1.12　工程图(像)资料

工程图(像)资料的基本信息如表 5-39 所示。

表 5-39　工程图(像)资料表结构

字段名	标识符	类型及长度	计量单位	主键	有无空值	索引序号
序号	no	INT		yes	no	1
工程代码	aduncd	C(11)		yes	no	2
资料更新日期	inupdt	DATE		yes	no	3
工程图(图像)及照片文件路径	enpceh	C(30)			no	
工程图(图像)及照片部位	enpart	C(80)				
制作拍摄时间	screendt	DATE				
备注	note	VC(255)				

5.2.2　工程运行信息

5.2.2.1　堤防

堤防的工程运行信息如表 5-40～表 5-42 所示。

表 5-40　堤防日常维护管理信息表结构

字段名	标识符	类型及长度	计量单位	主键	有无空值	索引序号
管理单位代码	aduncd	C(6)		yes	no	1
起止桩号	stedpeno	C(32)		yes	no	2
资料更新日期	inupdt	DATE		yes	no	3
资料更新责任人	inudperson	C(10)			no	
硬化堤顶道路养护面积	roadarea	N(7,2)	m²			
硬化堤顶道路养护情况	roadinst	TEXT				
硬化堤顶道路投资	roadinvest	N(11,4)	万元			
堤顶刮平、碾压面积	strkarea	N(7,1)	m²			
堤顶洒水养护面积	wtconsarea	N(7,1)	m²			

续表 5-40

字段名	标识符	类型及长度	计量单位	主键	有无空值	索引序号
堤肩残缺修补土方量	djrepethw	N(7,1)	m³			
堤防清除高杆杂草面积	upwdarea	N(7,1)	m²			
堤顶边埂整修长度	upbmreline	N(5,1)	m			
土牛及其料台整修次数	tnreptime	INT	次			
草皮更新面积	dirotarea	N(7,1)	m²			
淤区边坡残缺维修长度	deflen	N(6,1)	m			
截渗沟清淤长度	filluplen	N(6,1)	m			
备注	note	VC(255)				

表 5-41 堤防隐患探测信息表结构

字段名	标识符	类型及长度	计量单位	主键	有无空值	索引序号
管理单位代码	aduncd	C(6)		yes	no	1
探测时间	detime	DATE		yes	no	2
资料更新责任人	inudperson	C(10)			no	
隐患探测情况	detinst	VC(200)				
探测责任人	detperson	C(10)				
隐患性质描述	hdtroins	TEXT				
加固及处理情况	dwins	C(255)				
异常点特征描述	abnpcharins	C(255)				
备注	note	VC(255)				

表 5-42　堤防工程普查信息表结构

字段名	标识符	类型及长度	计量单位	主键	有无空值	索引序号
管理单位代码	aduncd	C(6)		yes	no	1
堤防(段)工程代码	dknmcd	C(11)		yes	no	2
资料更新日期	inupdt	DATE		yes	no	3
资料更新责任人	inudperson	C(10)			no	
堤身裂缝条数	mntntype	INT	条			
堤身裂缝总长度	cracklen	N(6,1)	m			
堤身裂缝最大宽度	crackwid	N(5,2)	m			
动物洞穴处数	cavenum	INT	处			
最大洞径	cvmaxdia	N(1,2)	m			
洞穴深度	depth	N(4,1)	m			
獾狐洞口数	foxholenum	INT	个			
鼠蛇洞口数	ratholenum	INT	个			
堤身水沟浪窝处数	dnsglwnum	INT	处			
堤身水沟浪窝缺土方量	dnsglwethw	N(7,1)	m³			
淤区水沟浪窝处数	frsglwnum	INT	处			
淤区水沟浪窝缺土方量	frsglwethw	N(7,1)	m³			
辅道及路口水沟浪窝处数	crosglwnum	INT	处			
辅道及路口水沟浪窝缺土方量	crosglwethw	N(7,1)	m³			
堤防陷坑天井处数	pitlocnum	INT	处			
堤防陷坑天井个数	pitnum	INT	个			
堤防陷坑天井直径	pitdia	N(4,1)	m			
堤防陷坑天井深度	pitdiadep	N(4,1)	m			
堤防草皮老化处数	dirotnum	INT	处			
堤防草皮老化面积	dirotarea	N(7,1)	m²			
堤防土牛尚缺处数	tnlacknum	INT	处			
堤防土牛尚缺土方量	tnlkethw	N(7,1)	m³			
堤防铭牌标志损坏个数	sigshtnum	INT	个			

字段名	标识符	类型及长度	计量单位	主键	有无空值	索引序号
堤防铭牌标志尚缺个数	signlknum	INT	个			
堤身残缺处数	dndefnum	INT	处			
堤身残缺土方量	dndefethw	N(7,1)	m³			
堤顶残缺处数	dtdefnum	INT	处			
堤顶残缺土方量	dtdefethw	N(7,1)	m³			
淤区残缺处数	frdfnum	INT	处			
淤区残缺土方量	frdefethw	N(7,1)	m³			
辅道及路口残缺处数	crolknum	INT	处			
辅道及路口残缺土方量	crolkethw	N(7,1)	m³			
堤防违章建筑总处数	pectolnum	INT	处			
堤防违章建房处数	pecbldnum	INT	处			
堤防违章建房间数	pechousenum	INT	间			
堤防违章建猪圈厕所个数	stynum	INT	个			
堤防违章建坟井窑个数	othernum	INT	个			
堤防石护坡损坏处数	proslpnum	INT	处			
堤防石护坡损坏面积	proslparea	N(7,2)	m²			
堤防石护坡尚缺处数	proslplknum	INT	处			
堤防石护坡尚缺面积	proslplkarea	N(7,1)	m²			
堤防防汛屋损坏座数	fldprebldnum	INT	座			
堤防防汛屋损坏间数	fldprermnum	INT	间			
堤防防汛屋尚缺座数	fldprebldlk	INT	座			
堤防防汛屋尚缺间数	fldprermlk	INT	间			
堤防排水沟损坏条数	drainnum	INT	条			
堤防排水沟损坏长度	drainlen	N(7,1)	m			
堤防排水沟尚缺条数	drainlknum	INT	条			
堤防排水沟尚缺长度	drainlklen	N(7,1)	m			
备注	note	VC(255)				

5.2.2.2 治河工程

治河工程的工程运行信息如表5-43～表5-45所示。

表5-43 治河工程日常维护管理信息表

字段名	标识符	类型及长度	计量单位	主键	有无空值	索引序号
管理单位代码	aduncd	C(6)		yes	no	1
治河工程代码	ennmcd	C(11)		yes	no	2
资料更新日期	inupdt	DATE		yes	no	3
资料更新责任人	inudperson	C(10)			no	
清除高杆杂草面积	weedarea	N(7,1)	m²			
水沟浪窝养护工程量	maintntp	N(7,1)	m³			
天井陷坑养护工程量	maintntp	N(7,1)	m³			
动物洞穴养护工程量	maintntp	N(7,1)	m³			
边埝整修养护工程量	maintntp	N(7,1)	m³			
路面养护工程量	maintntp	N(7,1)	m²			
坝坡整修养护工程量	maintntp	N(7,1)	m³			
扣石坍塌修复工程量	ksrepqut	N(7,1)	m³			
扣石下蛰修复工程量	ksxzqut	N(7,1)	m³			
扣石灰缝脱落修复工程量	ksfallqut	N(7,1)	m³			
眉子土损坏修复工程量	mztrepqut	N(7,1)	m³			
坦石裂缝养护工程量	tsslitqut	N(7,1)	m³			
根石加固工程量	gsrefqut	N(7,1)	m³			
坦石蛰动养护工程量	tszdqut	N(7,1)	m³			
备防石整修工程量	bsrefitqut	N(7,1)	m³			
备注	note	VC(255)				

· 88 ·

表 5-44　治河工程普查信息表结构

字段名	标识符	类型及长度	计量单位	主键	有无空值	索引序号
管理单位代码	aduncd	C(6)		yes	no	1
治河工程代码	ennmcd	C(11)		yes	no	2
资料更新日期	inupdt	DATE		yes	no	3
资料更新责任人	inudperson	C(10)			no	
坝体裂缝条数	mntntype	INT	条			
坝体裂缝总长度	cracklen	N(6,1)	m			
坝体裂缝宽度	crackwid	N(4,2)	m			
坝体动物洞穴处数	cavenum	INT	处			
最大洞径	cvmaxdia	N(5,2)	m			
洞穴深度	depth	N(4,1)	m			
獾狐洞口数	foxholenum	INT	个			
鼠蛇洞口数	ratholenum	INT	个			
坝顶水沟浪窝处数	dnsglwnum	INT	处			
坝顶水沟浪窝缺土方量	dnsglwethw	N(7,1)	m³			
坝体陷坑天井个数	pitlocnum	INT				
坝体陷坑天井直径	pitdia	N(4,1)	m			
坝体陷坑天井直径深度	pitdiadep	N(4,1)	m			
坝垛草皮老化处数	dirotnum	INT	处			
坝垛草皮老化面积	dirotarea	N(7,2)	m²			
坝垛铭牌标志损坏个数	sigshtnum	INT	个			
坝垛铭牌标志尚缺个数	signlknum	INT	个			
坝基残缺处数	bsdefnum	INT	处			
坝基残缺土方量	bsdefethw	N(7,1)	m³			
连坝残缺处数	lbdefnum	INT	处			

字段名	标识符	类型及长度	计量单位	主键	有无空值	索引序号
连坝残缺土方量	lbdefethw	N(7,1)	m³			
辅道残缺处数	crolknum	INT	处			
辅道残缺土方量	crolkethw	N(7,1)	m³			
坝岸坦石(坡)蜇陷处数	tszxnum	INT	处			
坝岸坦石(坡)蜇陷面积	tszxarea	N(7,2)	m²			
坝岸坦石(坡)灰缝脱落处数	tsashfallnum	INT	处			
坝岸坦石(坡)灰缝脱落面积	tsashfallarea	N(7,2)	m²			
坝岸坦石(坡)缺坦石处数	tslknum	INT	处			
坝岸坦石(坡)缺坦石体积	tslkvol	N(7,1)	m³			
坝岸坦石(坡)排水沟损坏条数	drainnum	INT	条			
坝岸坦石(坡)排水沟损坏长度	drainlen	N(4,1)	m			
坝岸坦石(坡)沿子石脱落处数	tsyzflnum	INT	处			
坝岸坦石(坡)沿子石脱落面积	tsyzflarea	N(7,2)	m²			
坝岸坦石(坡)备防石塌方处数	tsbfcinum	INT	处			
坝岸坦石(坡)备防石塌方体积	tsbfciarea	N(7,1)	m³			
备注	note	VC(250)				

表 5-45　根石探测断面参数表结构

字段名	标识符	类型及长度	计量单位	主键	有无空值	索引序号
序号	no	INT		yes	no	1
治河工程代码	rpnmcd	C(11)		yes	no	2
坝、垛、护岸号	damcd	C(20)		yes	no	3
观测时间	wt	DATE		yes	no	4
探测断面部位	defectseg	C(20)		yes		
测点高程	obel	N(7,2)	m			
起点位置	stapla	C(40)			no	
起点距	gbds	N(7,2)	m			
高程	wtop	N(7,2)	m			
边坡比(平均)	gspjpd	C(6)				
实测根石最大深度	ragedepth	N(4,1)	m			
审核人	audname	C(8)				
填报人	wname	C(8)				
附近水文站	nest	C(16)				
附近水文站流量	wfluid	N(9,3)	m^3/s			
备注	note	VC(250)				

5.2.2.3　水闸工程

水闸工程的工程运行信息如表 5-46～表 5-48 所示。

表 5-46　水闸工程日常维护信息统计表结构

字段名	标识符	类型及长度	计量单位	主键	有无空值	索引序号
水闸工程代码	wgnmcd	C(11)		yes	no	1
管理单位代码	aduncd	C(6)		yes	no	2
资料更新日期	inupdt	DATE		yes	no	3
资料更新责任人	inudperson	C(10)			no	
闸机房维修面积	rmmntnarea	N(7,2)	m^2			
启闭机损坏维修部件数	opclmarep	INT	件			
防洪闸板养护管理情况	cffbmntn	C(255)				
止水设施老化处理情况	spwtagins	C(255)				
水闸清淤时间	clsiltt	DATE				
清淤责任人	clsiltperson	C(10)				
水闸清淤土方量	gtrmclstcme	N(7,1)	m^3			
闸室裂缝处理情况	gtrmslit	C(255)				
护坡维修面积	reparea	N(7,1)	m^2			
配电设备维修养护情况	repinst	VC(255)				
备注	note	VC(255)				

表 5-47　水闸附属设施养护管理信息表结构

字段名	标识符	类型及长度	计量单位	主键	有无空值	索引序号
水闸工程代码	wgnmcd	C(11)		yes	no	1
管理单位代码	aduncd	C(6)		yes	no	2
资料更新日期	inupdt	DATE		yes	no	3
资料更新责任人	inudperson	C(10)			no	
养护类别	maintsort	C(16)				
管理房维修面积	roomreparea	N(7,1)	m^2			
清除院内高杆杂草面积	weedarea	N(7,1)	m^2			
清除院内高杆杂草次数	weedtime	INT	次			
通讯设施维修情况	comqumntn	VC(200)				
交通道路路面结构	roadstru	C(20)				
交通道路路面损坏尺寸	roadmaglsize	C(40)				
路面损坏修补面积	rdtymaglsize	N(7,1)	m^2			
备注	note	VC(255)				

表 5-48　水闸(虹吸)工程普查信息表结构

字段名	标识符	类型及长度	计量单位	主键	有无空值	索引序号
水闸工程代码	wgnmcd	C(11)		yes	no	1
管理单位代码	aduncd	C(6)		yes	no	2
资料更新责任人	inudperson	C(10)			no	
河流代码	rivercd	C(8)				
启闭情况	opclinst	VC(200)				
存在问题	exqs	VC(255)				
处理意见	treatop	VC(255)				

5.2.2.4　生物工程

生物工程的工程运行信息如表 5-49 所示。

表 5-49　生物工程维护管理信息表结构

字段名	标识符	类型及长度	计量单位	主键	有无空值	索引序号
管理单位代码	aduncd	C(6)		yes	no	1
生物防护工程代码	ennmcd	C(11)		yes	no	2
资料更新日期	inupdt	DATE		yes	no	3
资料更新责任人	inudperson	C(10)			no	
维护生物工程种类	biolkind	VC(40)				
起止桩号	stedpeno	C(32)				
生物工程维护情况	repinst	VC(255)				
备注	note	VC(255)				

5.2.2.5　附属设施

附属设施的工程运行信息如表 5-50 所示。

表 5-50　管护标志标牌信息表结构

字段名	标识符	类型及长度	计量单位	主键	有无空值	索引序号
管护基地代码	adbasecd	C(11)		yes	no	1
资料更新日期	inupdt	DATE		yes	no	2
资料更新责任人	inudperson	C(10)			no	
里程桩设计数量	mildsnum	INT	个			
里程桩实际数量	milfcnum	INT	个			
里程桩损坏数量	milmgnum	INT	个			
里程桩补充数量	milrecnum	INT	个			
路卡设计数量	blkdsnum	INT	个			
路卡实际数量	blkfcnum	INT	个			
路卡损坏数量	blkmgnum	INT	个			
路卡补充数量	blkrecnum	INT	个			
险工标志牌设计数量	xgsigndsnum	INT	块			
险工标志牌实际数量	xgsignfcnum	INT	块			
险工标志牌损坏数量	xgsignmgnum	INT	块			
险工标志牌补充数量	xgsignrecnum	INT	块			
险段标志牌设计数量	xdsigndsnum	INT	块			
险段标志牌实际数量	xdsignfcnum	INT	块			
险段标志牌损坏数量	xdsignmgnum	INT	块			
险段标志牌补充数量	xdsignrecnum	INT	块			
工程标牌设计数量	ensigndsnum	INT	块			
工程标牌实际数量	ensignfcnum	INT	块			
工程标牌损坏数量	ensignmgnum	INT	块			
工程标牌补充数量	ensignrecnum	INT	块			
坝号桩数量	bhpegnum	INT	个			
坝号桩损坏数量	bhpegmgnum	INT	个			
坝号桩补充数量	bhpegrecnum	INT	个			
边界桩数量	bdpegnum	INT	个			
边界桩损坏数量	bdpegmgnum	INT	个			
边界桩补充数量	bdpegrecnum	INT	个			

字段名	标识符	类型及长度	计量单位	主键	有无空值	索引序号
根石探摸标志桩数量	tmpegnum	INT	个			
根石探摸标志桩损坏数量	tmpegmgnum	INT	个			
根石探摸标志桩补充数量	tmpegrecnum	INT	个			
管理房维修面积	roomreparea	N(7,1)	m²			
备注	note	VC(255)				

5.2.3 工程安全监测信息

工程安全监测的基本信息以及测点、监测仪器的各种安全监测信息如表 5-51～表 5-55 所示。

表 5-51 工程安全监测基本信息表结构

字段名	标识符	类型及长度	计量单位	主键	有无空值	索引序号
工程代码	aduncd	C(11)		yes	no	1
管理单位代码	aduncd	C(6)		yes	no	2
资料更新日期	inupdt	DATE		yes	no	3
资料更新责任人	inudperson	C(10)			no	
安全监测项目设置情况	itemsetinfo	VC(200)				
安全监测仪器布设情况	insplainfo	VC(200)				
安全监测设施布置图号	insmapno	VC(20)				
图名	mapname	VC(30)				
制图单位名称	drawunitnm	VC(100)				
制图时间	dramtime	DATE				
图纸张数	mapnum	INT	张			
图形文件路径名	pathnm	VC(30)				
安装时间	installtm	DATE				
备注	note	VC(255)				

表 5-52　测点信息表结构

字段名	标识符	类型及长度	计量单位	主键	有无空值	索引序号
测点编码	mspicd	VC(18)		yes	no	1
工程代码	aduncd	C(11)		yes	no	2
资料更新日期	inuddt	DATE		yes	no	3
测点名称	mspinm	VC(50)			no	
管理单位代码	aduncd	C(6)			no	
资料更新责任人	inudperson	C(10)			no	
测点设计编号	dsnum	INT				
使用的仪器	useinstru	VC(100)				
测量方式	msmode	VC(1)				
测量状态	state	VC(1)				
安装时间	installtm	DATE				
测点的监测种类	mskind	C(4)				
测点的监测子类	mssubkind	C(8)				
观测项目	obseitem	C(20)				
测点所处的位置或部位	place	C(20)				
测点位置的高程	mspiel	N(7,2)				
测点安装的 X 坐标	xcoord	N(7,3)				
测点安装的 Y 坐标	zcoord	N(7,3)				
测点安装的 Z 坐标	ycoord	N(7,3)				
仪器出厂编号	factnum	VC(20)				
使用的装置	usedevice	VC(20)				
使用的通道	usechanl	INT	个			
测值个数	valuenum	INT	个			
方向编号	directcd	VC(1)				
换算系数 1	coeff1	N(7,3)				

字段名	标识符	类型及长度	计量单位	主键	有无空值	索引序号
换算系数 2	coeff2	N(7,3)				
换算系数 3	coeff3	N(7,3)				
换算系数 4	coeff4	N(7,3)				
换算系数 5	coeff5	N(7,3)				
换算系数 6	coeff6	N(7,3)				
换算系数 7	coeff7	N(7,3)				
换算系数 8	coeff8	N(7,3)				
换算系数 9	coeff9	N(7,3)				
Y0	y0	N(7,3)				
X0	x0	N(7,3)				
Z0	z0	N(7,3)				

表 5-53　监测仪器参数信息表结构

字段名	标识符	类型及长度	计量单位	主键	有无空值	索引序号
测点编码	mspicd	VC(18)		yes	no	1
工程代码	aduncd	C(11)		yes	no	2
资料更新日期	inuddt	DATE		yes	no	3
测点仪器编号	instrnum	VC(20)		yes	no	4
测点名称	mspinm	VC(50)			no	
管理单位代码	aduncd	C(6)			no	
资料更新责任人	inudperson	C(10)			no	
仪器出厂编号	factnum	VC(20)				
仪器厂家	instrfact	VC(60)				
仪器精度	instrpres	VC(20)				
仪器灵敏度	instrsenstdeg	VC(20)				

字段名	标识符	类型及长度	计量单位	主键	有无空值	索引序号
仪器安装时间	fittime	DATE				
仪器现场率定情况	calibrate	VC(200)				
仪器测值量程	metearea	VC(20)				
仪器电测值与工程物理量之间的换算公式	convsfml	VC(30)				
仪器基准值	bmkval	N(7,3)				
仪器基准值选定日期	selett	DATE				
电测值 1 名称	elecval1	VC(20)				
电测值 2 名称	elecval2	VC(20)				
电测值 3 名称	elecval3	VC(20)				
电测值 1 的单位	elecval1unit	VC(10)				
电测值 2 的单位	unitelecval2	VC(10)				
电测值 3 的单位	unitelecval3	VC(10)				
电测值 1 的最小值	minelecval1	N(7,3)				
电测值 2 的最小值	minelecval2	N(7,3)				
电测值 3 的最小值	minelecval3	N(7,3)				
电测值 1 的最大值	maxelecval1	N(7,3)				
电测值 2 的最大值	maxelecval2	N(7,3)				
电测值 3 的最大值	maxelecval3	N(7,3)				
电测值 1 的小数位数	decelecval1	INT				
电测值 2 的小数位数	decelecval2	INT				
电测值 3 的小数位数	decelecval3	INT				
测值个数	measnum	INT				
物理量 1 名称	phyqua1	VC(20)				
物理量 2 名称	phyqua2	VC(20)				

字段名	标识符	类型及长度	计量单位	主键	有无空值	索引序号
物理量 3 名称	phyqua3	VC(20)				
物理量 1 的单位	unitphyqua1	VC(10)				
物理量 2 的单位	unitphyqua2	VC(10)				
物理量 3 的单位	unitphyqua3	VC(10)				
物理量 1 的最小值	minphyqua1	N(7,3)				
物理量 2 的最小值	minphyqua2	N(7,3)				
物理量 3 的最小值	minphyqua3	N(7,3)				
物理量 1 的最大值	maxphyqua1	N(7,3)				
物理量 2 的最大值	maxphyqua2	N(7,3)				
物理量 3 的最大值	maxphyqua3	N(7,3)				
物理量 1 的小数位数	decphyqua1	N(7,3)				
物理量 2 的小数位数	decphyqua2	N(7,3)				
物理量 3 的小数位数	decphyqua3	N(7,3)				
备注说明	remark	VC(255)				

表 5-54　测点测值信息表结构

字段名	标识符	类型及长度	计量单位	主键	有无空值	索引序号
测点编码	mspicd	VC(18)		yes	no	1
测点名称	mspinm	VC(50)		yes	no	2
测量时间	mst	DATE		yes	no	3
测点测值 1	value1	N(7,3)				
测点测值 2	value2	N(7,3)				
测点测值 3	value3	N(7,3)				
测值有效性指标	valdindex	VC(50)				

表 5-55　测点报警信息表结构

字段名	标识符	类型及长度	计量单位	主键	有无空值	索引序号
测点编码	mspicd	VC(18)		yes	no	1
测点名称	mspinm	VC(50)		yes	no	2
位置标号	placeno	INT		yes	no	3
报警测值的记录时间	msvalclock	DATE				
报警的时间	alarmclock	DATE				
报警类型	clarmtype	VC(1)				
报警的文字表述	alarmdescb	VC(50)				
该报警是否被处理	ifmake	VC(1)				
处理人员姓名	pername	VC(10)				
备注	note	VC(50)				

5.2.4　工程代码信息

各类工程的工程代码信息如表 5-56～表 5-64 所示。

表 5-56　堤防代码表

字段名	标识符	类型及长度	计量单位	主键	有无空值	索引序号
堤防名称	D_NAME	VC(32)		yes	no	1
堤防代码	D_CODE	VC(11)		yes	no	2
管理单位代码	D_UNIT	VC(6)				
标志位	FLAG	C(1)				

表 5-57　治河工程代码表

字段名	标识符	类型及长度	计量单位	主键	有无空值	索引序号
治河工程名称	R_NAME	VC(32)		yes	no	1
治河工程代码	R_CODE	VC(11)		yes	no	2
管理单位代码	R_UNIT	VC(6)				
标志位	FLAG	C(1)				

表 5-58　河流代码表

字段名	标识符	类型及长度	计量单位	主键	有无空值	索引序号
河流名称	RI_NAME	VC(32)		yes	no	1
河流代码	RI_CODE	VC(8)		yes	no	2
标志位	FLAG	C(1)				

表 5-59　水库代码表

字段名	标识符	类型及长度	计量单位	主键	有无空值	索引序号
水库名称	RE_NAME	VC(32)		yes	no	1
水库代码	RE_CODE	VC(11)		yes	no	2
管理单位代码	RE_UNIT	VC(6)				
标志位	FLAG	C(1)				

表 5-60　涵闸代码表

字段名	标识符	类型及长度	计量单位	主键	有无空值	索引序号
涵闸名称	R_NAME	VC(32)		yes	no	1
涵闸代码	R_CODE	VC(11)		yes	no	2
管理单位代码	R_UNIT	VC(6)				
标志位	FLAG	C(1)				

表 5-61　管理单位代码表

字段名	标识符	类型及长度	计量单位	主键	有无空值	索引序号
单位名称	U_NAME	VC(32)		yes	no	1
单位代码	U_CODE	VC(6)		yes	no	2
保密字	PASSWORD	VC(8)		no		
标志位	FLAG	C(1)				

表 5-62　道路代码表

字段名	标识符	类型及长度	计量单位	主键	有无空值	索引序号
道路名称	R _ NAME	VC(32)		yes	no	1
道路代码	R _ CODE	VC(12)		yes	no	2
管理单位代码	R _ UNIT	VC(6)				
标志位	FLAG	C(1)				

表 5-63　生物工程代码表

字段名	标识符	类型及长度	计量单位	主键	有无空值	索引序号
生物工程名称	B _ NAME	VC(50)		yes	no	1
生物工程代码	B _ CODE	VC(13)		yes	no	2
管理单位代码	B _ UNIT	VC(6)				
标志位	FLAG	C(1)				

表 5-64　安全监测信息代码表

字段名	标识符	类型及长度	计量单位	主键	有无空值	索引序号
工程安全监测点名称	S _ NAME	VC(32)		yes	no	1
工程安全监测点代码	S _ CODE	VC(18)		yes	no	2
管理单位代码	S _ UNIT	VC(6)				
标志位	FLAG	C(1)				

第6章 数据库维护管理系统

6.1 系统功能总体结构

数据库系统由数据库管理系统、数据库和公共数据字典组成。一般数据库设计方法有两种,即属性主导型和实体主导型。属性主导型从归纳数据库应用的属性出发,在归并属性集合(实体)时维持属性间的函数依赖关系。实体主导型则先从寻找对数据库应用有意义的实体入手,然后通过定义属性来定义实体。一般现实世界的实体数在属性数 1/10 以下时,宜使用实体主导型设计方法。黄河水利工程基础数据库是面向对象的数据库,设计是从对象模型出发的,属于实体主导型设计。一般数据库系统都遵循以下相关开发步骤:①选择便于将应用程序与 DBMS 结合的 DBMS 体系结构,如 RDBMS;②根据应用程序使用的环境平台,选择适宜的 DBMS(如 Oracle)和开发工具(如 JSP、PB);③设计数据库,编写定义数据库模式的 SQL 程序;④编写确保数据正确录入数据库的用户接口应用程序;⑤录入数据库数据;⑥运行各种与数据库相关的应用程序,以确认和修正数据库的内容。

黄河水利工程基础数据库系统按照"数据黄河"工程建设的整体要求,数据库分布在黄河数据中心和各个数据分中心,采用的数据库管理系统也不尽相同,但数据库管理系统的主要功能基本相近,主要是建库管理、数据库状态监控、数据维护管理、代码维护、数据安全管理、数据的完整性、数据库的备份与恢复管理、用户操作权限管理。其功能如图6-1所示。

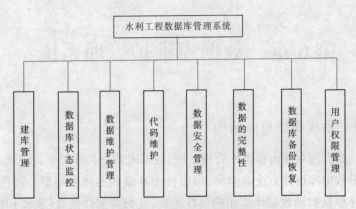

图 6-1　数据库管理功能模块示意图

6.2　系统功能模块

6.2.1　数据库建库管理

数据库的建库管理主要是针对数据库类型建立数据库管理档案,包括:数据库的分类、数据库主题、建库标准、建库方案、责任单位、服务对象、物理位置、备份手段、重要程度、数据增量等内容。

6.2.2　数据库状态监控

监控数据库进程,随时查看、清理死进程,释放系统资源。

监控和管理表空间的容量,及时调整容量大小,优化性能。

(1)数据存储空间、表空间增长状况和剩余空间检查,根据固定时间数据的增长量推算当前存储空间接近饱和的时间点,并根据实际情况及时添加存储空间,防止因磁盘空间枯竭导致服务终止。

(2)对数据库数据文件、日志文件、控制文件状态进行检查,确认文件的数量、文件大小和最终更改的时间,避免因文件失败导致例程失败或数据丢失。

(3)压缩数据碎片数量,避免因数据反复存取和删除导致表空间浪费。

(4)检查日志文件的归档情况,确保日志文件正常归档,保证对数据库的完全恢复条件,避免数据丢失。

6.2.3 维护管理

主要完成对数据库数据的维护管理功能,包括数据库的更新、添加、修改、删除及查询等功能。

水利工程基础数据的更新维护遵循"权威数据,权威部门维护"的原则,数据本身仍是分布式存在的,系统并不要求数据完全进行集中统一管理。由于数据及数据服务器分布在黄河数据中心和省局数据分中心及市局数据汇集中心,数据的维护由各市局下属的工程管理部门负责,由他们按照统一的数据标准与格式来进行数据的生产、维护和更新。各部门数据的使用者在使用过程中产生的新数据由使用者负责管理、维护和更新,并对黄河数据中心数据库及省局分中心数据库进行同步更新,最终实现数据的共享。数据输入具有数据的有效性检查、数据完整性和一致性检查等功能,防止不合理的、非法的数据入库。数据维护及更新管理系统功能结构图如 6-2 所示。

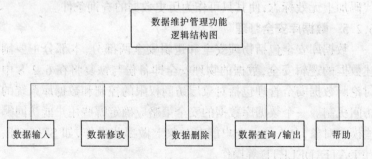

图 6-2　数据维护系统逻辑结构图

(1)数据输入。为水利工程基础数据等提供一套数据录入界面,并设置数据有效性检查、数据完整性和一致性检查等功能,防止不合理的、非法的数据入库,保证各级数据的一致性。

(2)数据修改。主要完成对已入数据库的各类数据进行修改更新功能,并同步更新上报数据(分)中心的数据库。

(3)数据删除。对已入数据库的各类错误数据和无效数据进行删除,删除时分两种方式,即物理删除和逻辑删除两种操作,物理删除将错误或无效的数据从数据库中清除,逻辑删除则将当前要删除的数据加上无效标志,使其只可作为历史数据的查询条件。

(4)数据查询/输出。提供水利工程各类基础数据的查询操作和显示界面,用于查询数据库中的数据。在查询界面中预先设置常用的查询条件,提高输入查询条件的速度,同时为用户临时确定查询条件(较复杂的条件)提供输入操作窗口。数据输出的主要功能包括屏幕显示、不同格式的文件输出等。

6.2.4 代码维护

通过增、删、改操作对单位、工程编码等各类数据标准进行定义和维护。代码定义要严格按照编码方案及"数字黄河"工程标准体系的要求进行;代码删除分为物理删除和逻辑删除两种操作,物理删除将错误的代码从数据库中清除,逻辑删除则将当前废弃的代码加上无效标志,使其只可作为历史数据的查询条件。

6.2.5 数据库安全管理

数据库安全包括物理安全和逻辑安全两部分,本部分主要阐述数据的逻辑安全,数据的物理安全即备份与恢复将在 6.2.8 中讨论。数据安全管理包括对象层访问权限的控制和数据库系统的访问机制。一个数据库数据的安全策略应确定哪些用户能访问哪些模式对象,允许每一个户能在对象上做哪些操作,如 SELECT、UPDATE、DELETE 等操作。

总体数据的安全应该基于数据的敏感性。如果信息不敏感,数据的安全策略可以宽一些;然而,如果信息是敏感的,就应制定出安全策略,以便对访问对象进行严格控制。通常一个应用系统的用户,只能用账号登录到应用软件,通过应用软件或中间件访问数据库,而没有其他途径直接操作数据库。

实现数据安全的方法包括系统权限和访问权限,也可通过设置角色或视图来实现。可通过为不同用户设置不同的数据存取特权并设立视图机制,使得每个用户只能访问到允许他访问的数据。实现对不同数据库用户进行角色定义和权限管理的功能。在角色权限设置中,角色可以自定义,一个人员可以对应多个角色。这样,就可使应用系统方便的定义每个人员的工作权限,并可以随其工作范围的变更而进行灵活调整,最大限度满足单位的需求。

从逻辑上考虑,一个安全的数据库应当允许用户只访问对其授权的数据。根据各个业务部门以及相关单位对数据的要求,确定每个角色对数据库表的操作权限,如创建、检索、更新、删除等。每个角色拥有刚好能够完成任务的权限,不多也不少。在应用时再为用户分配角色,则每个用户的权限等于他所兼角色的权限之和。用户只有具有相应的权限或角色才能在数据库对象(如表、视图等)上执行相应的操作。为了保证数据的安全性,数据库用户只应该被授予那些完成工作必须的权限,即"最小权限"原则。

在设置好用户权限的同时,对用户账号的密码进行加密处理,确保在任何地方都不会出现密码的明文。在存储备份、数据传输和交换过程中,须通过口令、加密、数字签名、智能卡技术等保证信息的安全。

另外,当用户试图使用未经授权或不符合权力资格的资源时,系统将拒绝执行,并可利用数据库系统提供的工具自动跟踪审计。

该模块主要功能包括定义系统新用户、对数据库的访问权限进行授权和分组、设定用户密码及其有效访问期限、设定安全报警模式及内容。

6.2.6 数据库的完整性保护

数据库的完整性保护是指数据库中数据正确性维护,任何一个数据库都有可能因为某些自然因素或人为因素而受到局部或全局破坏,这些因素主要有:系统硬件故障、系统软件故障、应用程序编写错误和操作员操作错误等,这些因素有些是可以避免的,有些则是无法避免的,因此需要对数据采取完整性保护措施,即实施完整性检查和利用触发器的功能。

(1)数据的完整性检测。黄河水利工程数据库在数据模式设计中对数据表和表中的字段给出了一些约束条件,如定义主键、建立表与表之间的联系、实施参照完整性及对属性值的约束等。系统数据录入程序设计时依据这些约束条件进行完整性检查,当不满足条件时立即通报用户以便及时修改。

(2)防止孤立数据。为了防止在数据更新和删除过程中产生孤立数据,需要利用触发器的功能,触发器的功能比一般完整性约束要强得多,它除了检查违约条件并通知用户外,还能自动进行某些操作来消除因违反完整性约束条件而产生的负面影响。黄河水利基础工程数据库系统设计时利用触发器的功能进行级联更新和级联删除,如果父表中某一数据进行了更新或删除,则其对应子表中的相应数据也应更新或删除。

6.2.7 用户权限管理

水利工程基础数据库是一个多级分布式系统,系统用户较多,且用户的管理权限要求不同。为保证系统数据的安全,用户权限管理主要包括:使用权的鉴别、使用范围限制、存储控制权鉴别。

(1)使用权的鉴别。黄河工程基础数据库管理系统,按照各级工程管理部门设置用户级,分别将有权使用本数据库管理系统的部门设置在不同的用户组,并为每个用户设置系统用户标识符和口令。通过口令对用户的使用权进行鉴别。对有使用权的合法用户,按照授权规则授予不同的权限,所有用户按权限不同分成5级:数据库管理员、系统高级用户、一般用户、基层用户和临时用户。

(2)使用范围限制:对5个不同层次的用户,按照级别不同,对其使用范围设置权限,只允许访问数据库中一部分数据。数据库管理员和系统高级用户的使用范围是整个数据库。而其他用户的使用范围只是数据库的一部分。

(3)存储控制权鉴别。只有数据库管理员对数据库有存储控制权,基层用户有对其所录入数据的修改删除权。

具体5个不同层次用户的使用权的鉴别、使用范围限制及存储控制权鉴别如下所述。

(1)数据库管理员。具有对整个水利工程数据库管理系统进行维护、管理的权力。可对系统作任何操作,如修改数据库管理系统程序、修改数据库表结构、修改各级用户权限或更改用户口令等,还可以赋予其他低层次用户若干特权。

(2)系统高级用户。可以依据数据源,对其控制范围内的数据进行集成、更新、修改、增加新数据,如市局级的高级用户可对其所辖的县局的数据进行审核后上报。考虑到本数据库中原数据来自基层工程管理部门,建议上一级系统高级用户对数据进行修改时要慎重。

(3)一般用户。可以查询输出本数据库所有数据表的任何信息,允许访问视图,但不允许访问基表,不能修改、删除系统数据库中的任何数据。

(4)基层用户。只能有限制地录入和查询其管理权限范围的数据,不允许访问基表,可以修改、删除其录入到数据库中的数据。

(5)临时用户。只能在给定的时限内有限制地查询某些数据,不能修改、删除系统数据库中的任何数据。完成任务后,系统自动释放临时权限。

6.2.8 数据库的备份与恢复管理

尽管采取多种措施保护数据库,但数据库的破坏仍然不可能完全避免。因此,数据库系统除了要有较好的完整性、安全性保护措施及并发控制能力外,还需要有数据一旦遭到破坏能及时进行恢复的功能。主要采用的方法如下所述。

(1)利用 Oracle、Sybase 等数据库系统提供的备份和恢复工具,对数据库进行定期或不定期的增量备份或完备备份。

(2)采用双机备份方式,利用由生产数据库和若干备用数据库组成松散连接的数据库系统,并形成独立的、易于管理的数据保护方案。在修改主数据库时,对主数据库更改而生成的更新数据随时发送到物理备用数据库。当主数据库出现了故障,备用数据库即可以被激活并接管生产数据库的工作。

(3)及时对数据备份日志信息进行检查,防止因数据备份失败导致备份部完整,从而影响对数据库的恢复。

(4)将数据库备份到磁带或其他备份介质,并将备份介质异地保存。

6.3 数据库系统软件的选型方案

6.3.1 数据库系统软件的选型原则

6.3.1.1 稳定可靠(High - Availability)

数据库保存的是企业(或单位)最重要的数据,是企业应用系统的核心,稳定可靠的数据库可以保证企业的应用常年运行,而不会因为数据库的宕机而遭受损失。企业的信息化可以促进生产力,但如果选择了不稳定产品,经常影响业务生产的正常运营,则实际效果很可能是拖了企业的后退。无论是计划中(数据库维护等正常工作)还是意外的宕机都将给企业带来巨大的损失。信息系统的稳定可靠是由多方面的因素构成的,包括网络、主机、操作系统、数据库以及应用软件等几方面,这些因素之间又有一定的依赖关系,因此在企业信息化的选型中要通盘考虑这些问题。在数据库方面主要看数据库要具备灾难恢复、系统错误恢复、人为操作错误恢复等功能,同时要尽量降低数据库的计划内维护宕机时间。

在考虑系统稳定性的同时,还就充分考虑到黄河水利工程基础数据库是一个大系统,同时面向省、市、县三级工程管理单位的用户,各应用子系统中用户的并发访问是较高的,要求数据库系统的并发控制能力较强,防止系统发生死锁现象,保证系统的响应时间。

6.3.1.2 可扩展(High – Scalability)

随着各类应用的不断深入和扩展的,数据量和单位时间的事务处理量都会逐渐增加。如果要求企业购置一套信息系统足以满足未来若干年发展的需要显然是不恰当的,因为这实际意味着企业要多花很多钱而不能发挥信息设备的最大效能,造成资源的浪费。比较好的解决办法就是企业先购置一套配置适当,功能适用的系统,当未来业务有需要时可以方便的对系统进行扩展,使系统的处理能力逐步增加满足业务处理的需求。落实到数据库就是要选择具有良好的伸缩性及灵活的配置功能的产品,无论是主机系统的内存或硬盘方面的扩展还是集群系统的扩展,都能够被数据库利用,从而提高系统的处理能力。

6.3.1.3 安全性(Security)

数据库的安全性是指保护数据库以防止不合法的使用造成的数据泄露、更改或破坏。安全性问题不是数据库系统独有的,所有计算机系统都有这个问题。只是在数据库系统中保存着大量重要的数据,而且为许多最终用户共享使用,从而安全问题更为突出。系统安全保护措施是否有效是数据库系统的重要指标之一。数据库的安全控制主要通过用户标识与鉴别、存取控制、视图机制、审计、数据加密等机制完成。

6.3.1.4 丰富的开发工具

无论是优秀的硬件平台还是功能强大的数据库管理系统,都不能直接解决最终用户的应用问题,企业信息化的工作也要落实到开发或购买适合企业自身管理的应用软件。目前流行的数据库管理系统大都遵循统一的接口标准,所以大部分的开发工具都可以面向多种数据库的应用开发。当然,数据库厂商通常都有自己的开发工具,例如:SYBASE 公司的 PowerBuilder,Oracle 公司的 Developer2000,以及 Ms 公司的 Visual Studio。这些开发工具各有利弊,但无疑选择和数据库同一个厂商的产品会更有利于应用软件的开发以及将来得到统一的技术支持。

6.3.1.5 服务质量

在现今信息高度发达的竞争中,数据库厂商完全靠产品质量打动用户的年代已不复存在,各数据库产品在质量方面的差距逐渐缩小,而用户选择产品的一个重要因素就是定位在厂家的技术服务方面。因为在你购买了数据库系统之后,你面临着复杂的软件开发,数据库的维护,数据库产品的升级等,你需要得到数据库厂商的培训,各种方式的技术支持(电话、用户现场)和咨询。数据库厂家的服务质量的好坏将直接影响到企业信息化建设的工作。原则上水利工程数据库的系统平台应围绕相应的数据中心建设,统一考虑数据库系统运行环境,以利于数据资源的共享和数据交换,尽量避免重复建设。

6.3.2 数据库管理系统软件的对比及选型

自 20 世纪 70 年代关系模型提出后,由于其突出的优点,迅速被商用数据库系统所采用。70 年代以来新发展的 DBMS 系统中,近九成是采用关系数据模型,其中涌现出了许多性能优良的商品化关系数据库管理系统。例如:小型数据库系统 FoxPro、ACCESS、PARADOX 等,大型数据库系统 DB2、ORACLE、SYBASE、SQL SERVER 等。

6.3.2.1 Oracle

Oracle 是世界第二大软件供应商,是数据库软件领域第一大厂商(大型机市场除外)。Oracle 的数据库产品被认为是运行稳定、性能超群的贵族产品,一方面反映了它在技术方面的领先,另一方面也反映了它在价格定位上更着重与大型的企业数据库领域。对于数据量大、事务处理繁忙的企业,Oracle无疑是比较理想的选择。Oracle7版本的数据库被认为是业界目前最成功的关系数据库管理系统,其产品可以在UNIX和Windows NT平台运行,随着Internet的普及带动了网络经济的发展,Oracle也将自己的产品紧密的和网络计算结合起来。目前Oracle数据库的最新版本是10g,并且无须更改一行代码,便可从单一服务器迁移至网格计算方式。

6.3.2.2 Sybase

Sybase公司产品的研究和开发包括企业级数据库,数据复制和数据访问。主要产品有Adaptive Server Enterprise, Adaptive Server Replication, Adaptive Server Connect及异构数据库互连选件。Sybase ASE是其主要的数据库产品,可以运行在UNIX和Windows NT平台。Sybase Warehouse Studio TM是一套端对端的产品集,在客户分析,市场划分和财务规划方面提供了专门的分析解决方案。Warehouse Studio的核心产品Adaptive Server IQ,利用其专利化的从底层设计的数据存储技术能快速查询大量数据,围绕Adaptive Server IQ有一套完整的工具集,包括数据仓库或数据集市的设计,各种数据源的集成转换,信息的可视化分析,以及关键客户数据(元数据)的管理。

6.3.2.3 Microsoft

微软公司将联机分析处理(OLAP)加入到SQL Server 7.0,是业内第一个将数据库跟商业智能工具融合到一起的公司。SQL server目前只能运行在微软的windows NT或windows 2000平台。随着PC在芯片技术以及系统结构方面的技术突破,目前在高端的应用中,SQL server同样发挥了极佳的性能。在SQL Server 2005引进了一套集成的管理工具和管理应用编程接口(APIs),以提供易用性、可管理性及对大型SQL Server配置的支持。在开发工具方面，SQL Server 2005 提供一种新的 XML 数据类型，使在 SQL Server 数据库中存储 XML 片段或文件成为可能。

6.3.2.4　IBM

1968 年 IBM 公司推出的 IMS(Information Management System)是层次数据库系统的典型代表，是第一个大型的商用数据库管理系统。1970 年，IBM 公司的研究员首次提出了数据库系统的关系模型，开创了数据库关系方法和关系数据理论的研究，为数据库技术奠定了基础。目前 IBM 仍然是最大的数据库产品提供商(在大型机领域处于垄断地位)。DB2 通用数据库是现有最开放的数据库平台之一，可运行在使用 AIX、HP‑UX、Solaris、Linux、OS/2 及 Windows NT、NUMA‑Q 等主流的 UNIX 和 Intel 服务器平台上。DB2 的另一个非常重要的优势在于基于 DB2 的成熟应用非常丰富，有众多的应用软件开发商围绕在 IBM 的周围。

通过上面的分析比较并结合水利工程基础数据库系统中各应用系统对数据存取与访问的需要，认为选择 Oracle 数据库管理系统比较合适。Oracle 数据系统的运行非常稳定，除满足一般工程属性数据的存储管理外，而且支持空间数据引擎(如 ArcSDE)，还能满足各类工程监测数据和空间数据的实时访问，从而保证防汛、水调等各业务的不同的访问需求。

同时，Oracle 数据库将是黄河数据中心提供关键数据处理服务最多、数据交易量最大的数据库系统，尤其在空间数据的管理和处理方面将起主要作用。Oracle 10g 在具备 RAC 功能的同时，还可根据系统业务需求方便从地单一服务器迁移至网格计算方式，对于以后的升级和系统扩充都提供了可持续性发展的保障。

Oracle 的基本配置及主要功能见表 6-1。

表 6-1　Oracle 的基本配置及主要功能

配置	主要功能
Oracle database Enterprise Edition	用于存储、管理数据等,是系统信息存储的中心。它的高可靠性、高可伸缩性的特点将为系统的稳定运行提供坚实的基础
Oracle Partition	提高数据检索速度及可用性
Oracle Data Spatial Option	用于存储和管理空间数据,并优化对于空间数据的检索
Oracle Real Application Cluster Option	用来在集群环境下实现多机共享数据库,以保证应用的高可用性。同时可以自动实现并行处理及均分负载,还能实现数据库在故障时的容错和无断点恢复
Oracle Olap	提供决策分析及预测的功能
Oracle Diagnostics Pack	能够让数据库管理员实施对 Oracle 环境的高级监控、诊断和规划
Oracle Tuning Pack	为数据库管理员提供了对 Oracle 环境的专家级性能管理能力,包括 SQL 优化调整和存储最优化
Oracle Change Management Pack	能够消除在升级数据库以支持新应用时(可能产生的)数据错误与丢失。此工具包分析与应用变更有关的影响和复杂的依赖性,并自动实施数据库升级
Oracle Internet Application Sever	它是 Oracle 的一个 100% 基于标准的应用服务器
Oracle Developer Suite	图形化、高效的工具集。包括:设计的工具、开发的工具、决策分析的工具等
Oracle Label Security	为细粒化访问控制提供了基于行标签(row labels)的复杂而灵活的安全性。借用政府机构、国防部门及商业组织使用的"贴标签"(labeling)概念来保护敏感信息并提供数据隔离能力

6.3.3 数据服务器的配置要求及选型方案

在数据服务器的配置要求及选型方案中,通常会从应用系统的基本需求、服务器的性能和价格等方面进行综合考虑。首先,服务器的性能必须满足系统的基本需求,如对事务要求的快速响应、海量数据的高速存取以及系统的稳定性要求等。其次,考虑服务器的基本指标,如结构、CPU、内存、缓存、通道、磁盘、接口、操作系统、实用软件。再次,服务器还应当具有较佳的性价比。

目前,黄河水利工程基础数据库运行在黄河数据中心,待省、市两级数据分中心和数据汇集中心建成后,整个水利工程数据库是委、省、市三级管理。黄河数据中心及两省局数据分中心管理的数据量相对较大,数据交换量也较大,宜采用中高档的小型机,CPU 数量和频率及内存容量相对较大,选用 UNIX 操作系统平台,两台服务器其运行方式为双机热备。市级的数据库的数据量管理相对较小,故对主机系统性能的要求比较低,推荐采用高档 PC 机服务器,保证一定的硬盘存储量即可。数据库系统的软硬设备配置要求如表 6-2。

表 6-2　数据库服务器设备配置清单

单位名称	设备名称	设备说明	数量
黄河数据中心	数据库服务器(小型机)	双 CPU,8GB 内存,组成双机集群	2
	数据库管理系统软件	2 个 CPU、集群方式、50 用户以上	2
河南、山东数据分中心	数据库服务器(小型机)	双 CPU,8GB 内存,组成双机集群	2
	数据库管理系统软件	2 个 CPU、集群方式、25 用户以上	2

为确保数据库的高可靠性应尽可能采用双机集群的方式,通过设备商提供的双机集群软件实现双机集群。一台服务器为主服

务器,另一台为备份服务器,主服务器在集群软件中定义数据库管理系统所执行决定性操作,备份服务器在集群软件中定义冗余的计算机系统,当主服务器中关键业务不可用时,负责接管主服务器资源。

第 7 章　数据的存储与管理

　　过去 20 年里,随着计算机技术的发展与变化,人们逐渐认识到信息化应用中数据的重要性,数据逐步成为一个自有存储的、不属于任何特定系统的实体,就像资本或智力财产一样,数据也成为一种可以共同享用的财富,需要加以存储和保护。

　　信息化的核心目的,是利用信息技术提供更好的生产和服务方式,提高组织的竞争力。系统能够全天候连续运行,这是信息化的基本要求,为了达到这个要求,必须有完善的数据在线存储解决方案。黄河水水利工程基础数据的存储,结合"数字黄河"工程基础设施建设,统一考虑的数据在线存储系统,这样可以简化管理,减少投资,更可为数据管理打下基础。数据管理方案,则是系统生命力持续的保障措施,也是走向数据再利用,发挥数据增值能力,强化竞争力的基础措施。因此,设计完善的数据管理方案,首先必须设计完善的数据在线存储方案。

7.1　数据的存储方式

　　当今的数据存储主要有 DAS、NAS 和 SAN 三种模式。三种模式从体系架构的逻辑上看,有明显的区别,如图 7-1 所示。一般企业的数据存储具有以下几方面的要求:性能、安全性、扩展性、易用性、整体拥有成本、服务等。

7.1.1　DAS

　　开放系统的直连式存储(Direct – Attached Storage, 简称 DAS)已经有近 40 年的使用历史,随着用户数据的不断增长,尤其是数百 GB 以上时,其在备份、恢复、扩展、灾备等方面的问题变得日益困扰系统管理员。

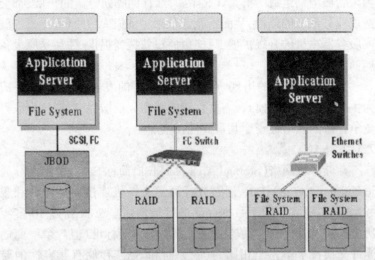

图 7-1　数据存储体系的三种架构

　　DAS 直连式存储依赖服务器主机操作系统进行数据的 I/O 读写和存储维护管理,数据备份和恢复要求占用服务器主机资源(包括 CPU、系统 I/O 等),数据流需要回流主机再到服务器连接着的磁带机(库),数据备份通常占用服务器主机资源 20% ～30%,因此许多企业用户的日常数据备份常常在深夜或业务系统不繁忙时进行,以免影响正常业务系统的运行。直连式存储的数据量越大,备份和恢复的时间就越长,对服务器硬件的依赖性和影响就越大。

　　DAS 与服务器主机之间的连接通道通常采用 SCSI 连接,带宽为 10MB/s、20MB/s、40MB/s、80MB/s 等,随着服务器 CPU 的处理能力越来越强,存储硬盘空间越来越大,阵列的硬盘数量越来越多,SCSI 通道将会成为 I/O 瓶颈;服务器主机 SCSI ID 资源有限,能够建立的 SCSI 通道连接有限。

无论直连式存储还是服务器主机的扩展,从一台服务器扩展为多台服务器组成的群集(Cluster),或存储阵列容量的扩展,都会造成业务系统的停机,从而给企业带来经济损失,并且直连式存储或服务器主机的升级扩展,只能由原设备厂商提供,往往受原设备厂商限制。

NAS 和 SAN 的出现响应了三种重要的发展趋势:网络正成为主要的信息处理模式、需要存储的数据大量增加、数据作为取得竞争优势的战略性资产其重要性在增加。

7.1.2 SAN

存储区域网络(Storage Area Network,简称 SAN)采用光纤通道(Fibre Channel)技术,通过光纤通道交换机连接存储阵列和服务器主机,建立专用于数据存储的区域网络。SAN 经过 10 多年历史的发展,已经相当成熟,成为业界的事实标准(但各个厂商的光纤交换技术不完全相同,其服务器和 SAN 存储有兼容性的要求)。

SAN 提供了一种与现有 LAN 连接的简易方法,并且通过同一物理通道支持广泛使用的 SCSI 和 IP 协议。SAN 不受现今主流的、基于 SCSI 存储结构的布局限制。特别重要的是,随着存储容量的爆炸性增长,SAN 允许企业独立地增加它们的存储容量。SAN 的结构允许任何服务器连接到任何存储阵列,这样不管数据置放在那里,服务器都可直接存取所需的数据。因为采用了光纤接口,SAN 还具有更高的带宽。因为 SAN 解决方案是从基本功能剥离出存储功能,所以运行备份操作就无须考虑它们对网络总体性能的影响。

7.1.3 NAS

网络接入存储(Network - Attached Storage,简称 NAS)采用网络(TCP/IP、ATM、FDDI)技术,通过网络交换机连接存储系统和服务器主机,建立专用于数据存储的存储私网。随着 IP 网络技术的发展,网络接入存储(NAS)技术发生质的飞跃。

NAS产品是真正即插即用的产品。NAS设备一般支持多计算机平台,用户通过网络支持协议可进入相同的文档,因而NAS设备无须改造即可用于混合 Unix/Windows NT 局域网内。NAS设备的物理位置也同样是灵活的。它们可放置在工作组内,靠近数据中心的应用服务器,或者也可放在其他地点,通过物理链路与网络连接起来。无须应用服务器的干预,NAS设备允许用户在网络上存取数据,这样既可减小 CPU 的开销,也能显著改善网络的性能。

但 NAS 没有解决与文件服务器相关的一个关键性问题,即备份过程中的带宽消耗。与将备份数据流从 LAN 中转移出去的存储区域网(SAN)不同,NAS 仍使用网络进行备份和恢复。NAS 的一个缺点是它将存储事务由并行 SCSI 连接转移到了网络上。这就是说 LAN 除了必须处理正常的最终用户传输流外,还必须处理包括备份操作的存储磁盘请求,数据备份时会影响到整个网络的响应速度。

黄河数据中心存储体系目的是采用 SAN 结构,根据以上几种存储方案的性能分析可知,SAN 数据存储架构具有处理速度高、存取速度快、良好的扩展性和开放性,适合水利工程基础信息存储量较大,增长速度快,用户访问多、数据的存储相对集中等特点,并能确保各类工程基础数据的安全性和防汛业务应用的连续性和整体可用性。

7.2 数据的管理方式

数据管理有别于存储管理,存储管理的对象是存储空间(或称存储资源),其主要内容是存储设备状态监控、存储空间在线动态扩展和调整、存储空间的统一管理和分配等,目的是为了向主机及其应用提供稳定可靠的存储空间。数据管理的对象是在线存储系统内的数据,其管理内容主要有:利用各种不同的手段获取数据拷贝以实现各种级别的数据安全和高可用特性、在不同的存储设备中迁移数据、管理数据内容。

数据管理的目的主要有:保障系统生命可持续、提高存储资源利用率(或节省存储成本)、进行数据共享或再利用(从而进行效益增值)。数据管理是依附于在线存储系统的,因此设计数据管理方案时,必须考虑在线存储系统的模式。明确了存储模式和数据管理目的之后,才可以在各种数据管理手段中,例如高可用集群、备份、复制、迁移、内容管理等,选择出合适的手段,实现理想的数据管理。

高可用集群,是存储在磁盘阵列中的同一数据上,连接 2 个或者多个相同的主机,通过特殊的软件,使多个主机对外虚拟为一个应用系统,对内可以在多个主机间分配负载实现负载均衡,或者指定主机和备机系统,以在主系统宕机下,备机系统接管应用,保证应用继续运行,从而实现应用高可用的技术。高可用集群可以有效保障系统的可持续性,尤其适合关系数据库,例如 SQL、Oracle、Sybase、Informix、Mysql 上的各类应用。

备份是指用一定的方式形成数据拷贝,以在源数据遭到破坏的情况下,可以恢复数据。备份有近线备份和离线备份两种方式,其区别主要在于备份设备是磁盘设备还是磁带设备。根据不同的规模和不同的存储模式,备份有单机备份、网络备份、Sever Free 和 LAN Free 备份等几种方式。比较而言,单机备份仅仅适合于单一应用系统,同一网络下的多个应用系统,适合采用网络备份,在采用 SAN 存储模式的环境下,Server Free 和 LAN Free 则更有效率。

复制是指将系统主磁盘设备内的数据复制到其他系统内,数据复制有同步复制和异步复制。通过不同的软硬件设备,不仅可实现局域网内,还可实现广域网上的数据复制。数据复制软件和近线存储结合,可以形成高性能的数据备份解决方案,相比较磁带备份而言,这种方式可以做到数据更新时的实时备份,更可在源数据丢失后,短时间内完全恢复数据。同步数据复制软件和高可用软件结合,则可以实现系统容灾。

迁移是指将高速、高容量的存储设备(如非在线的大容量磁带库、在线的磁盘设备)作为主磁盘设备(磁盘阵列)的下一级,把主磁盘设备中不常用的数据,按照指定的策略自动迁移到二级存储设备上。当需要这些数据时,自动把这些数据调回主磁盘设备中。通过数据迁移,可以实现把大量不经常访问的数据放置在离线或近线设备上,而只在主磁盘设备上保存少量高频率访问的数据,从而提高存储资源利用率,大大降低设备和管理成本。数据迁移技术通常适合气象、地震、水文、传播媒体、图书、银行、会计、档案管理等行业。

内容管理是数据管理中的新兴技术。目前主流的数据管理方式采用结构性关系数据库,仅能处理结构化数据,而绝大多数的信息,例如文件、报告、视频、音频、照片、传真、信件等,都是非结构化的,这类信息的管理成为数据管理的难题,内容管理技术由此而生,内容管理要解决结构化和非结构化数字资源的采集、管理、利用、传递和增值等工作。

7.3 水利工程基础数据的存储分布

本着权威部门权威数据以及数据的更新维护应由直接拥有者负责的基本原则,黄河水利工程基础数据库为三级分布式结构,顶级为黄委黄河数据中心数据库,二级为省局分数据中心数据库,三级为市局数据汇集中心数据库,如图 3-2 所示。在黄委黄河数据中心存储黄河下游水利工程基础数据,按照基层数据汇集中心、数据分中心、黄河数据中心的层次从下向上逐层汇总,各市级数据汇集中心负责数据库数据的采集、更新和维护,并通过数据库服务器及时上传到数据分中心数据库、黄河数据中心数据库。对于实时监测数据则要求市级数据汇集中心得到基层传送的数据后立即传送到省局数据分中心和黄河数据中心(见图7-2)。

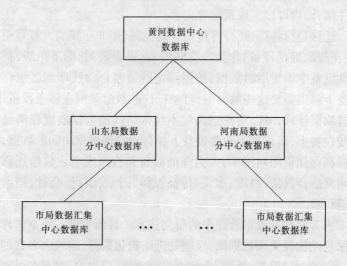

图 7-2　水利工程基础数据存储分布图

7.4　数据存储平台设计

7.4.1　数据存储结构

为支持水利工程基础信息的高效使用和信息共享的目的,数据的存储方案应本着技术先进性、可扩充性、高可靠性、高可用性、成熟性、可管理性以及分布和集中相结合的原则和总体设计思想,并考虑各级工程管理单位的业务特点、地域位置、技术实施、投资等因素,选择黄河数据中心、省局数据分中心、市局数据汇集中心三级存储的方案。在黄河数据分中心及省局数据分中心,采用SAN 结构的数据存储平台,保证数据(分)中心各类基础信息应用的连续,在(地)局据汇集中心采用 DAS 直连式存储。

黄河数据中心的主要功能是提供数据资源的存储管理,面向黄委各业务部门以及下属单位提供数据管理服务。在数据存储管理方面,提供海量的数据存储与管理功能,同时,为下属单位提供高性能的数据安全备份服务。

7.4.2 数据存储系统

在黄河数据中心存储的数据是面向整个黄委信息化应用,除水利工程基础信息,还有防汛抢险救灾、实时水情、水土保持以及多媒体数据等。今后随着治黄业务量的增加,数据还将不断增长。因此,黄河数据中心的数据存储系统,使用可扩展、性能好的企业级的存储设备,通过光纤交换机使用冗余光纤链路(SAN)将服务器和存储设备相连,提高数据传输的快捷性和安全性。利用磁带库和数据备份软件对数据进行备份管理,通过制定合理的备份策略,建立数据备份系统,通过备份服务器实现基于 SAN 架构的 LAN - Free 备份,提供数据备份和快速恢复的功能,充分保障数据的安全。在系统遭到破坏的情况下,能利用备份迅速恢复,保证数据存储系统和应用系统的正常运行。SAN 系统结构如图 7-3 所示。

为了使数据中心存储设备尽量避免数据的丢失和系统故障,保证数据中心磁盘存储系统的安全性和可靠性,存储设备必须系统无单点故障,确保不间断的业务运行;同时,为满足应用系统的扩展和数据容量的增长,磁盘存储系统必须具备良好的扩展能力。而随着技术的进步和发展,硬盘(HDD)的容量和转速在短期内都会有较大的提高,为了保护对中央磁盘存储系统的当前投资以及今后容量扩展的便利和经济性,存储设备需支持不同容量和转速硬盘的混装,确保系统的良好扩展能力和投资保护,因此存储设备至少应支持性能价格比较高的 RAID5 技术,以提高磁盘容量的有效利用率。

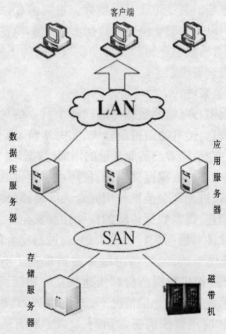

客户端

LAN

数据库服务器

应用服务器

SAN

存储服务器

磁带机

图 7-3 SAN 系统结构

7.4.3 数据备份系统

数据中心建立的本地数据备份系统,由连接在 SAN 光纤交换机上的磁带库、备份服务器以及相应的备份管理软件组成,根据业务运行需要制定备份策略,通过系统自动执行备份策略将水利工程基础数据备份到磁带介质上。

7.4.3.1 数据备份策略

数据备份策略要根据各应用的数据量大小、数据存储型、数据重要性等因素来制定数据的备份方式。备份策略制定原则上由以下几种方式:

(1)数据库全备份:每月做一次,覆盖上次全备份的数据。

(2)数据库增量备份:每晚执行,根据不同数据要求的保存时间来设置存储介质。

(3)系统备份：由各应用系统及数据库系统管理员自行安排时间备份，一般每月备份一次，系统配置改变时备份一次。

结合以上策略，从冗余备份的角度考虑，制定数据分组和存储介质池对应策略，将数据按类别放在不同的编号(电子标签)组的存储介质上，并设定不同的存取权限。

7.4.3.2　数据备份过程

数据备份工作在数据备份服务器上完成，根据事先制定好的备份策略(备份时间表)，定时自动启动备份进程不同的备份任务。

系统备份在主机端发起。由主机系统管理员启动系统备份进程，自动将系统配置等信息生成引导程序，然后制作成引导盘。

其他文件的自由备份可进入客户端软件交互菜单，选择要求备份的文件后备份。

7.4.3.3　数据恢复

数据备份的最主要目的就是一旦发生灾难，可以迅速将生产数据进行恢复，使停机时间最短、数据损失最少。数据恢复工作必须在客户端或存储节点实施。灾难发生的严重程度决定了数据恢复的方式和需要时间。恢复策略的制定应本着迅速、快捷、最小损失、涉及面最小的原则。

7.4.4　存储平台的安全措施

在数据安全方面，除了利用各业务网的 VPN、防火墙、防病毒入侵、数据备份等系统，磁盘存储系统也具有以下数据安全访问控制措施：

(1)存储网络 SAN 架构采用的传输协议是 FC(SCSI)，没有病毒传播路径。

(2)存储系统的操作系统(微码)是一种封闭的、独特的专用操作系统，很难被黑客攻击。

(3)各业务服务器通过光纤通道卡(HBA)连接到光纤交换

机,访问和安全控制是通过物理通道分离加上逻辑(Zone)控制技术完成的,区分各服务器连接到不同的存储系统的前端物理端口。

(4)不同的存储端口(如光纤端口 FC 或者 NAS 端口)访问不同的物理磁盘(RAID组),在资源上保持分立。

(5)在磁盘阵列中,不同的逻辑存储(存储分区)分别由独享的端口、Cache 和不同的物理磁盘构成。

参 考 文 献

[1] 萨师煊,王珊.数据库系统概论(第三版)[M].北京:高等教育出版社,2000.

[2] 黄河水利委员会."数字黄河"工程规划[M].郑州:黄河水利出版社,2003.